Schriften zur psycho-sozialen Gesundheit

Silke Birgitta Gahleitner
Rudolf Schmitt
Katharina Gerlich (Hrsg.)

Qualitative und quantitative Forschungsmethoden für EinsteigerInnen aus den Arbeitsfeldern Beratung, Psychotherapie und Supervision

ZKS VERLAG

Impressum

CIP-Titelaufnahme der Deutschen Bibliothek:
Silke Birgitta Gahleitner, Rudolf Schmitt & Katharina Gerlich (Hrsg.):
Qualitative und quantitative Forschungsmethoden für EinsteigerInnen aus den Arbeitsfeldern Beratung, Psychotherapie und Supervision

Dieser Band erscheint im Rahmen der Reihe:
„Schriften zur psycho-sozialen Gesundheit“

Coburg: ZKS-Verlag

Cover-Design: Leon Reicherts
Redaktion, Lektorat, Layout: Ilona Oestreich

ISBN 978-3-934247-69-7

Der ZKS-Verlag ist eine Einrichtung der Zentralstelle für Klinische Sozialarbeit (ZKS) UG (haftungsbeschränkt), HRB Nummer 5154
Geschäftsführer: Prof. Dr. Helmut Pauls und Dr. Gernot Hahn

Anschrift
Zentralstelle für Klinische Sozialarbeit
Mönchswiesenweg 12 A
96479 Weitramsdorf-Weidach

Kontakt
info@zks-verlag.de
www.zks-verlag.de
Tel./Fax (09561) 33197

Gesellschafter der ZKS
- IPSG-Institut für Psycho-Soziale Gesundheit (gGmbH) – Wissenschaftliche Einrichtung nach dem Bayerischen Hochschulgesetz an der Hochschule Coburg, Staatlich anerkannter freier Träger der Jugendhilfe, Mitglied im PARITÄTISCHEN Wohlfahrtsverband. Amtsgericht Coburg. HRB 2927. Geschäftsführer: Dipl.-Soz.päd.(FH) Stephanus Gabbert
- Dr. Gernot Hahn
- Prof. Dr. Helmut Pauls

Inhaltsübersicht

Vorwort

Dieses Büchlein soll Studierende der Beratung, Therapie und Supervision für die empirische Forschung begeistern, indem es die ersten Schritte in die stets aufregende, aber auch anstrengende Empirie begleitet. Beratung und Therapie sind wissenschaftlich fundierte Interventionen, welche sich klar von Esoterik, abstraktem Philosophieren, Glauben und Meinen abgrenzen. Aber das Verhältnis von Beratung und Therapie auf der einen Seite und empirischer Forschung auf der anderen Seite ist dennoch voller Spannung.

Schon Freud sprach von einem „Junktim von Forschen und Heilen“, also einer untrennbaren Verbindung, und hat jede analytische Stunde als Erforschung eines unbekannten Kontinents bezeichnet. Auch wenn Freud sich selbst als Naturwissenschaftler gesehen hat, so zeigt sich im Rückblick, dass er stärker eine – allerdings spezifische – Wissenschaft des Verstehens, also eine Hermeneutik, angeregt hat.

In ähnlicher Weise hat einige Jahrzehnte später Rogers damit begonnen, Beratungsgespräche auf Schellack-Platten aufzunehmen und das tatsächliche Beratungsgeschehen auszuwerten versucht. Rogers hat sich auch an naturwissenschaftlichen Verfahren orientiert, indem er statistische Erhebungen integrierte. Den anderen Teil seines Forschens würden wir heute als verstehende, also qualitative Forschung betrachten.

Die Verhaltenstherapie und ihre Vorläufer im Behaviorismus haben sich am striktesten auf naturwissenschaftlich abgeleitete Experimente bezogen, aber auch sie bestehen bis heute auf einer gründlichen Dokumentation jeder Sitzungsstunde, beziehen auch KlientInnen in das forschende und selbsterforschende Geschehen durch Tagebücher und Protokolle ein.

Und nicht zuletzt gibt es integrative Formen der Therapie und Beratung, die sich besonders stark multimodalen Formen des Forschens und Verstehens zuwenden (müssen), um sich ein möglichst umfassendes Bild vom Geschehen machen zu können und zu versuchen, Faktoren gelingender Therapie jenseits der einzelnen Schulen zu identifizieren. Supervision wird ebenso von manchen AutorInnen als eigenständiger Forschungsprozess gesehen.

Nichtsdestotrotz ist immer wieder zu hören, dass in dieser Verbindung von Beratung, Supervision, Therapie und Forschung auch etwas verloren gehen kann: Trotz typischer Symptome und Verläufe, die wissenschaftlich rekonstruierbar sind, ist die Einzigartigkeit der KlientInnen und PatientInnen, der Dynamiken in einer Gesprächssituation und die Persönlichkeit der TherapeutInnen und BeraterInnen ein Phänomen, das die bruchlose Übernahme wissenschaftlich gesicherter Ergebnisse nicht immer erlaubt. Therapie und Beratung haben Elemente einer individuellen Kunstfertigkeit, die kaum wissenschaftlich zu fassen ist; zwischen Beruf (Profession) und Wissenschaft (Disziplin) existiert eine Differenz. Dennoch bleibt die Forderung, sich zumindest zu bemühen, diese einzigartigen Effekte systematisch zu beobachten, aufzuzeichnen und zu analysieren, damit sie wiederum die Praxis beleben.

Es gibt auch Stimmen, die fordern, dass die Systeme des Helfens und die der Wissenschaft als getrennt zu betrachten sind und dass sie sich bestenfalls gegenseitig „kreativ verstören" könnten. Diese skeptische Position betont zugleich, dass diese gegenseitige Störung von Praxis und Forschung notwendig und hilfreich ist. Die Produktivität dieser Störung muss man jedoch selbst erleben, um sie zu erfahren und nutzen zu lernen. Damit ein solcher Prozess in Gang kommt, braucht es Wissen und eigene Forschungserfahrungen zukünftiger BeraterInnen und TherapeutInnen.

Unser kleines Büchlein will den Einstieg in wissenschaftliches Denken und Forschen erleichtern. Es soll Ihnen eine Hilfe sein, eine neue Sicht zu entwickeln, mit der Sie Ihre PatientInnen und KlientInnen unterstützen. Diese Sicht heißt empirische Wissenschaft. Wir sind sicher, dass eine Mischung aus persönlichem Engagement, forschender Haltung und kritischer Analyse ein Handeln ermöglicht, das Ihrem zukünftigen Tun am wirksamsten zugute kommt.

Krems und Berlin, 20. Februar 2014

Silke Birgitta Gahleitner, Rudolf Schmitt und Katharina Gerlich

Forschungsprojekte beginnen

Rudolf Schmitt, Silke Birgitta Gahleitner & Katharina Gerlich

1 Wissen schaffen und abschaffen: eine Einführung

In welchen Bereichen des Lebens ist man sich des eigenen Wissens am sichersten? Vermutlich ist es der „gesunde Menschenverstand", der es ganz sicher zu wissen glaubt. „Wissenschaft" hat ein anderes, und das heißt ein nicht so sicheres Verhältnis zum Wissen. Aber was ist Wissenschaft? Und was wissen wir ohne Wissenschaft?

1.1 Wir wissen nicht nichts: das Alltagswissen

In unserem Alltag gehen wir davon aus, dass die Welt innerhalb unseres Kopfes und die Welt außerhalb unseres Kopfes im Wesentlichen gleich sind, wir sagen zur Türe „Türe", unterscheiden in Sekundenbruchteilen Frauen von Männern und bedrohliche Situationen von unbedrohlichen. Wir sind „von vorneherein eingebettet in einen Horizont der Vertrautheit und des Bekanntseins, der ... als fraglos verfügbarer Wissensvorrat hingenommen wird" (Schütz, 2004, S. 161). Diese Schemata unserer Unterscheidungen haben wir früh als Kind geübt. Sie bedeuten einen gewaltigen Geschwindigkeitsvorteil, ohne den wir vor lauter Nachdenken in einfachsten Situationen nicht zu einem Ende kämen, und geben Sicherheit im Umgang mit Menschen und Dingen. Es gibt Momente, in denen wir diese Sicherheit verlieren, z. B. in einem Augenblick, in dem wir die Tonbandmitschrift eines Gesprächs lesen und uns wundern: Das sollen wir – und in dieser Weise – gesagt haben? Unsere sicheren Erinnerungen und Annahmen von der Welt und ihre genaue Dokumentation passen nicht mehr zusammen.

1.2 Wissenschaftliches Wissen

Mit dem Beispiel vom Transkript, also der Tonbandmitschrift, sind zwei Elemente von empirischer Wissenschaft schon benannt: zunächst eine systematische und lückenlose Dokumentation eines Geschehens, also eine Erhebung von Daten und eine anschließende Auswertung, allerdings ohne Zeitdruck. In einem Gespräch im Alltag zu sein, heißt in der Regel, keine endlosen Pausen zuzulassen – und selbst durchgehaltene Pausen erlauben nicht die Gründlichkeit der Reflexion, die an einem durch Transkription „haltbar gemachtem“ Gespräch möglich ist. Wissenschaft ist reflektierende Distanz unter der Bedingung, dass wir von Handlungszwängen entlastet sind. Aber diese Formulierung von der „Distanz“ als räumlicher Metapher für Wissenschaft hilft nur begrenzt weiter. Zwar sehen wir nur aus der Entfernung den Wald als Wald, den man in demselben vor lauter Bäumen nicht sah. Aber das Bild der räumlichen Distanz sagt uns nicht, wie wir Wissen schaffen können. Wir brauchen noch andere Bilder für Wissenschaft.

Wissenschaft als System von Gesetzen: Kritischer Rationalismus und quantitative Forschung

Ein anderes Bild von Wissenschaft ist zu finden in der Formulierung von „wissenschaftlichen Gesetzen“. Gesetze sind Sammlungen von zwingenden Aussagen, sei es im juristischen Bereich, seien es mathematische oder naturwissenschaftliche Gesetze. Unser Alltagsdenken über Wissenschaft ist von dieser Denkfigur weit bestimmt, und sie ist auch das Leitbild des sog. „Kritischen Rationalismus“, dessen wichtigster Autor Popper ist (Kromrey, 2009, S. 27-51). Er grenzt sich von älteren Richtungen dadurch ab, dass er unser gegenwärtiges wissenschaftliches Wissen als vorläufiges System von (Gesetzes-)Aussagen betrachtet, das immer wieder durch Messungen und Experimente widerlegt (und damit ergänzt) werden kann. Für die Sozialwissenschaften wird zudem angenommen, dass eher statistische Wahrscheinlichkeiten zu finden sind als zwingende Gesetze. In der Forschung versucht man dafür, Hypothesen aus dem bereits bestehenden wissenschaftlichen Wissen abzuleiten (Deduktion) und zu überprüfen. Hypothesen gelten im Kontext dieser Theorie als wissenschaftlich, wenn sie so formuliert sind, dass sie sich auf messbare oder zählbare Realität beziehen und sich widerlegen lassen. Ein Satz, dass das Unbewusste die Ursache eines Symptoms sei, ist in diesem Sinn nicht wissenschaftlich, weil er sich nicht auf eine systematische Weise erfahrungswissenschaftlich beweisen lässt, auch kann dieser Satz nicht empirisch widerlegt werden. Die Forschungsrichtung des Kritischen Rationalismus stellt also besondere Ansprüche an die Konkretisierung wissenschaftlicher Sätze und Hypothesen und findet sich in der quantitativen Forschung (vgl. Kap. 3 und 6 in diesem Band).

Wissen als Verstehen und Entdecken: Hermeneutik und qualitative Forschung

Aus diesem Begriff von Wissenschaft fallen einige der uns interessierenden Themen heraus: Wenn wir das Denken, Handeln und Fühlen von Menschen mit bestimmten Widerfahrnissen überhaupt noch gar nicht kennen (Psychologie), wenn uns eine Kultur fremd ist (Ethnologie), wenn wir in unserer eigenen Gesellschaft einige Milieus nicht kennen (Soziologie), dann können wir an diese ungewisse Wirklichkeit nicht mit messbar formulierten Hypothesen herangehen. Hier braucht es eine „entdeckende“ und „verstehende“ Forschung – das sind andere Bilder des Forschens mit anderen Implikationen. Da wir nicht genau wissen, was wir nicht wissen, müssen die Instrumente unseres vorantastenden Erforschens aufnehmend sein und manchmal während des Forschens auch verfeinert oder gewechselt werden. Statt der möglichst quantifizierbaren Formulierung von Hypothesen, die widerlegt (falsifiziert) werden, benötigen wir dann möglichst offene Fragen, die frei von unseren Vermutungen und unserem Halbwissen sind. Die dabei verwendeten Methoden müssen uns als Forschende darauf orientieren, uns mit den erhobenen Daten und Gesprächen so vertraut zu machen, dass wir unsere Kategorien, Interpretationen und Hypothesen in der Auseinandersetzung an den Dokumenten erst entwickeln (Induktion).

Schütz hat noch eine wesentliche Einsicht hinzugefügt: Da das Alltagswissen bereits aus Konstruktionen und Schemata besteht, ist es die Aufgabe sozialwissenschaftlicher Forschung, daraus Konstruktionen zweiten Grades zu bilden: Sie sollen nicht einfach eine Wiedergabe des Alltagswissens sein, sondern auf einer Meta-Ebene die Muster des Alltagswissens entdecken und beschreiben (Schütz, 2004, S. 159). Hier können keine Hypothesen widerlegt oder bewiesen werden, denn diese müssen erst in einem Prozess genauer Beschreibung und Auswertung vorhandener Transkripte und Dokumente entwickelt werden (vgl. dazu Kap. 4, 5, 7-10 in diesem Band).

Während sich für die unter „Wissenschaft als System von Gesetzen“ (s. o.) genannten Richtungen, die sich meistens statistischer Verfahren bedienen, der Terminus „quantitative Forschung“ oder neuerdings „standardisierte Verfahren“ durchgesetzt hat, sind es hier die Synonyme „qualitative Forschung“, „rekonstruktive Forschung“ oder neuerdings „nicht-standardisierte“ Forschung.

1.3 Empirische Sozialwissenschaft und der Zusammenhang der Wissensformen

Diese idealtypische Entgegensetzung von hypothesen-testender quantitativer Forschung und hypothesen-generierender qualitativer Forschung bildet zwei Pole, denen sich jeweils viele Forschende zuordnen. In jüngerer Zeit wird jedoch deutlicher, dass zwischen beiden Richtungen ein Ergänzungsverhältnis besteht. So ist quantitative Forschung oft im Vorfeld auf Explorationen und Sinnverstehen angewiesen, um überhaupt sinnvolle Hypothesen zu bilden. Umgekehrt bilden sich z. B. gesamtgesellschaftliche Dynamiken oft eher in der Statistik ab. Beispielsweise ist die Lebenserwartung in den letzten 50 Jahren in den entwickelten Ländern statistisch gestiegen, was in Interviews zum subjektiven Bedrohungserleben durch Umweltverschmutzung etc. kaum deutlich wird. Neuere Überlegungen empirischer Sozialforschung versuchen daher, beide Methodenstränge miteinander zu verbinden (mixed methods, vgl. auch Kap. 3, 5, 6 und 9 in diesem Band). Der Gegensatz unterschiedlicher Wissensformen wird auch von der Gesellschaft amerikanischer Psychologie (APA, 2005, S. 7f.) aufgehoben in einer aufsteigenden Reihenfolge klinisch relevanten Wissens von der klinischen Beobachtung über qualitative Forschung bis hin zu kontrollierten großen quantitativen Studien. Ein Entweder-Oder zwischen verschiedenen forschungsmethodischen Grundrichtungen schränkt die Zugänge zur Wirklichkeit ein. – Im deutschsprachigen Bereich findet man noch die Unterscheidung von „Grundlagenforschung“ vs. „angewandte Forschung“. Sie suggeriert eine Trennung, als ob es eine Laborforschung als „Grundlage“ der Wissensproduktion gäbe und eine praktisch orientierte Forschung zur Anwendung solchen Wissens. Bei vielen Themen zeigt sich jedoch, dass die sog. „angewandte“ Forschung sich ihre „Grundlagen“ selbst schaffen muss und nicht auf Laborforschung aus der Psychologie oder der Soziologie zurückgreifen kann.

1.4 Muster sozialwissenschaftlicher Untersuchungen: Forschungsdesigns

Da empirisches sozialwissenschaftliches Forschen so breit gefächert ist, kann es keine einheitliche Vorgehensweise geben. In der Regel werden für quantitative Studien die folgenden Vorgehensweisen unterschieden (Flick, 2009, S. 78-82; vgl. Kap. 2, 3 und 6 in diesem Band):

- Kontrollgruppendesigns (Vergleich von mehreren Gruppen mit einer Vorher-Nachher-Messung),
- Querschnitts- und Längsschnittstudien (entweder werden zum gleichen Zeitpunkt verschiedene Gruppen befragt, oder der Verlauf einer oder mehrerer Gruppen wird über Jahre verfolgt).

In qualitativer Forschung unterscheidet Flick (2009, S. 82-86)

- Fallstudien (in ihrer gesamten Komplexität),
- Vergleichsstudien (von Fällen im Hinblick auf ein Merkmal oder Thema),
- retrospektive Studien (rückblickend auf ein vergangenes Erleben, z. B. in der Biografieforschung),
- Momentaufnahmen und Prozessanalysen (z. B. des Wissens in ExpertInneninterviews oder von Betroffenen einer Veränderung),
- qualitative Längsschnittstudien.

Welches Design gewählt, wird, hängt von der Forschungsfragestellung und den Erkenntnisinteressen ab.

1.5 Methoden der Datenauswahl, der Erhebung und der Auswertung

Idealerweise müsste man alle Menschen oder Dokumente, die für die Forschungsfrage relevant sind, befragen bzw. erheben (Vollerhebung). Wenn man sich für die Bewohner einer therapeutischen WG interessiert, ist das noch möglich – aber wie will man alle Menschen, die eine bestimmte Behandlungsmethode erfahren haben, interviewen? Sofern man quantitative Erhebungsformen wie z. B. Fragebögen nutzt, kann man versuchen, eine „repräsentative" Auswahl zu schaffen, d. h. eine Auswahl, die alle Merkmale enthält, die für eine Forschungsfrage relevant sind (meistens: Alter, Geschlecht, Einkommen, Bildungshintergrund), in der Stichprobe in der gleichen Verteilung wie in der infrage kommenden Grundgesamtheit. Bei den sehr viel aufwendigeren Methoden qualitativer Forschung wie biografisches Interview oder Beobachtung ist auch dieses wegen des Arbeitsaufwands nicht möglich. Hier muss sich die Auswahl (das „Sampling") auf eine durch die Forschungsfrage begründete knappe Auswahl derjenigen Personen oder Dokumente beschränken, die für die Studie den größten Wert versprechen („theoretical sampling") (Flick, 2009, S. 86-89).

1.6 Wofür können wir Aussagen machen? Gütekriterien und Verallgemeinerung

Wann ist Forschung eine gute Forschung? In quantitativer Forschung haben sich hier drei zentrale Gütekriterien herausgebildet (Flick, 2009, S. 262-270):

- Reliabilität (die Präzision des Messinstruments, z. B. des Fragebogens),
- Validität (die Gültigkeit der Ergebnisse: Misst das Instrument, was es zu messen vorgibt?),
- Objektivität (Unabhängigkeit der Ergebnisse von der erhebenden und auswertenden Person).

Qualitative Forschung, die auf das Sinnverstehen, die Sensibilität und die Belesenheit der Forschenden in besonderer Weise angewiesen ist, kann mit diesen auf quantitative Erhebungs- und Auswertungsinstrumente orientierten Gütekriterien kaum zutreffend beurteilt werden. Steinke (2012, S. 319-331) schlägt die folgenden Gütekriterien für qualitative Forschung vor:

- intersubjektive Nachvollziehbarkeit der Studie durch Dokumentation des Forschungsprozesses, seiner Stufen und Entscheidungen,
- Sicherheit der Deskriptionen und/oder Interpretationen bzw. Schlussfolgerungen durch gemeinsame diskursive Prozesse in Forschergruppen und die Anwendung erprobter Methoden,
- Reflexion bzw. Testen der Grenzen und Reichweite sowie Tiefe der Ergebnisse einer Studie,
- empirische Verankerung der Theoriebildung in den erhobenen Dokumenten,
- Kohärenz (innerer Zusammenhang) der entwickelten Theorien bzw. Interpretationen,
- Formulierung von Relevanzen für Forschung und Praxis,
- Indikation des Forschungsprozesses, d. h. die Nutzung gegenstandsangemessener Methoden.

Die Verallgemeinerung der Ergebnisse quantitativer Forschung ist so gut möglich, wie sie ihre Grundgesamtheit repräsentativ abdeckt. Dann kann sie Aussagen treffen, wie häufig z. B. ein Merkmal in einer bestimmten Grundgesamtheit vorkommt. Qualitative Forschung ergibt Existenzaussagen von Zusammenhängen und Mustern in den beforschten Kontexten, ohne über ihre Häufigkeit etwas sagen zu können (Flick, 2009, S. 274-278).

1.7 Typische Schwierigkeiten für AnfängerInnen

Die alltägliche Vorstellung vom Wissen als einer Substanz, die durch Forschung vermehrt wird („neues Wissen schaffen“), führt Studierende des Öfteren an einen Punkt der Verzweiflung, an dem sich kein neues Wissen zeigt, sondern ihr bisheriges Wissen infrage gestellt wird und ihre Annahmen sich als unangemessen zeigen. Nehmen Sie Enttäuschungen ernst! Es könnte zu einer Verbesserung der Erhebung oder der Methoden zwingen, es könnte auch neues Wissen in der Enttäuschung verborgen sein. Die Aufgabe der Wissen‚schaft‘ besteht auch aus dem Gegenteil der Vorstellung von einer Wissens-Vermehrung, nämlich der Wissens-Abschaffung, jedenfalls alles nicht mehr passenden, unangemessen formulierten oder schlicht einfach falschen Wissens. Piaget (1945/1969) hat die Entwicklung des kindlichen Lernens zwischen den Polen der meistens frustrierenden Akkomodation (Anpassung, Umbau) bisheriger Schemata, die nicht mehr angemessen sind, und der eher lustvollen Assimilation (Anfügung) des Wissens an neue Schemata beschrieben – dieses emotionale Wechselspiel trifft oft auf Wissenschaft zu, auch hier können alte Annahmen einen Durchbruch lange hinauszögern und kleine Fortschritte von großem Wert sein.

- Die Themenfindung und die anschließende Klärung einer Forschungsfragestellung sind ein aufwendiger Prozess, denn in aller Regel werden die Themen für eine Forschungsarbeit zu groß gewählt (vgl. Kap. 2 in diesem Band).
- Forschung ist ein Prozess mit vielen Entscheidungen auch nach der Klärung der Forschungsfrage. So sind die Erhebungsmethoden auszuwählen, die Art der Auswahl von InterviewpartnerInnen oder Dokumenten zu klären, und es ist zu entscheiden, welche Auswertungsmethode sinnvoll ist. Daher braucht es eine Projektskizze bzw. ein Exposé als Ablaufplan.
- Die Suche nach dem derzeit aktuellen Forschungsstand stellt viele Studierende vor Probleme, wenn sie mit relevanten Datenbanken nicht vertraut sind, ihre Suchworte nicht im wissenschaftlichen Sprachgebrauch vorkommen und vor allem in angewandter Forschung das Wissen über verschiedene Disziplinen und in mehreren theoretischen Rahmungen verstreut ist.

Wissenschaft wird oft auch mit Vorstellungen von Macht über die Verhältnisse, von Kontrolle und Vorhersage verbunden (Jäkel, 2003, S. 237ff.). Die Gegenposition formuliert der wissbegierige und auf den verschiedensten Gebieten forschende Johann Wolfgang von Goethe (1986/1808, Vers 1064ff.), wenn er Faust ausrufen lässt: „Oh glücklich, wer noch hoffen kann, aus diesem Meer des Irrtums aufzutauchen". Wir wissen nicht, was am Ende einer empirischen Forschung steht – die Hoffnung auf Kontrolle und Vorhersagbarkeit eines Geschehens, das wir besser zu verstehen glauben, oder die Demut wegen der Einsicht in die Grenzen des Wissbaren. Wenn wir es vorher wüssten, wäre das, was wir tun, schließlich keine Wissenschaft.

Literatur

American Psychological Association (APA) (2005). *Report of the 2005 presidential task force on evidence-based practice.* Washington, DC: APA. Online verfügbar: http://www.apa.org/practice/resources/evidence/evidence-based-report.pdf [21.01.2014].

Flick, Uwe (2009). *Sozialforschung. Methoden und Anwendungen. Ein Überblick für die BA-Studiengänge.* Hamburg: Rowohlt.

Goethe, Johann Wolfgang von (1986). *Faust. Der Tragödie erster Teil.* Stuttgart: Reclam (Original erschienen 1808).

Jäkel, Olaf (2003). *Wie Metaphern Wissen schaffen. Die kognitive Metapherntheorie und ihre Anwendung in Modell-Analysen der Diskursbereiche Geistestätigkeit, Wirtschaft, Wissenschaft und Religion* (Reihe: Schriftenreihe Philologia, Bd. 59). Hamburg: Kovač.

Kromrey, Helmut (2009). *Empirische Sozialforschung. Modelle und Methoden der standardisierten Datenerhebung und Datenauswertung* (Reihe: UTB – Soziologie, Bd. 1040; 12., überarb. und erg. Aufl.). Stuttgart: Lucius & Lucius.

Piaget, Jean (1969). *Nachahmung, Spiel und Traum. Die Entwicklung der Symbolfunktion beim Kinde* (Reihe: Erziehungswissenschaftliche Bücher). Stuttgart: Klett (französisches Original erschienen 1945).

Schütz, Alfred (2004). Common-Sense und wissenschaftliche Interpretation menschlichen Handelns. In Jörg Strübing & Bernt Schnettler (Hrsg.), *Methodologie interpretativer Sozialforschung. Klassische Grundlagentexte* (Reihe: UTB – Sozialwissenschaften, Bd. 2513; S. 155-200). Konstanz: UVK.

Steinke, Ines (2012). Gütekriterien qualitativer Forschung. In Uwe Flick, Ernst von Kardorff & Ines Steinke (Hrsg.), *Qualitative Forschung. Ein Handbuch* (9. Aufl.; S. 319-331). Reinbek: Rowohlt (letzte überarb. Aufl. erschienen 2008).

Brigitte Schigl

2 Entwicklung der Fragestellung für empirische wissenschaftliche Arbeiten

Die Ausgangsbasis jeder (sozial)wissenschaftlichen Untersuchung ist eine eingegrenzte Fragestellung. Je fokussierter diese Frage formuliert wird, desto besser kann im Prozess der Literaturrecherche, Forschungsdesign-Planung, Datenerhebung und -auswertung die Forschungslinie gehalten und die Frage beantwortet werden (was im Schlusskapitel der Arbeit immer getan werden sollte).

2.1 Quellen für Erkenntnisinteresse

Die meisten ForscherInnen entwickeln ihr Projekt anhand von Beobachtungen aus ihrem Fachgebiet – hier Supervision, Beratung, Psychotherapie. Aus diesem Fachgebiet soll ein besonders interessierendes Thema/Problem für die Fragestellung gewählt werden: Etwa, weil man diesem selbst in der Praxis begegnet ist, andere beobachtet hat, einem theoretisch oder praktisch etwas aufgefallen ist oder einen etwas irritiert hat. Aus solchen *Erfahrungen* heraus können sich Fragen entwickeln. Auch das *Fehlen von Daten* zu einem bestimmten Thema/Problem, Feld oder einer Zielgruppe kann Anlass für ein Forschungsvorhaben sein. Aus der *Fachliteratur* zu einem bestimmten Teilbereich des Fachgebiets ergeben sich ebenfalls interessante Themen, ein Weiterführen, Aktualisieren, Präzisieren der Aussagen von früheren Untersuchungen ist hier möglich. In guten Forschungsartikeln finden sich in den Schlussfolgerungen häufig Empfehlungen für weitere, notwendige Untersuchungen und Vertiefungen des Themas, die Anregung für eine neue Arbeit sein können.

Viele Studierende wollen mit ihrer Abschlussarbeit aber etwas beweisen statt etwas zu fragen; zumeist haben sie sich aufgrund eigener Erfahrungen bestimmte Überzeugungen gebildet, die sie jetzt „wissenschaftlich" untermauern wollen. Meistens sind diese Entwürfe allerdings keine Fragestellungen, sondern der Versuch, die eigene Meinung darzustellen (vgl. Bsp. 1).

Praxisbeispiel 1: Erkenntnisinteresse

Eine Forscherin will zeigen, dass tiergestützte Interventionen, wie sie sie anbietet, sinnvoll sind. Ein Forscher möchte den Erfolg seiner Vorgehensweise im Coaching von Führungskräften belegen. Jemand will die eigene Überzeugung untermauern, dass Naturerleben wichtig für die Entwicklung einer gesunden Persönlichkeit ist. Diese Beispiele sind in wissenschaftlich korrekten, gut bearbeitbaren empirischen Designs nicht gut umsetzbar.[1]

Es ist daher als erster Schritt wichtig, sich mit dem eigenen Erkenntnisinteresse auseinanderzusetzen und dieses selbstkritisch zu überprüfen. Hier steht die Frage „Was will ich (mit diesem Thema) eigentlich?" im Mittelpunkt. Will ich etwas darstellen und beschreiben, jemanden belehren oder widerlegen, Ursache und Wirkung aufzeigen oder AdvokatIn für ein bestimmtes Phänomen sein?

Um sich von der eigenen Voreingenommenheit zu lösen, kann es vorteilhaft sein, sich zu vergegenwärtigen, dass es verschiedene Arten von Fragen gibt, die alle ihren wissenschaftlichen Wert haben und berechtigt sind, sich aber in sozialwissenschaftlichen empirischen Abschlussarbeiten unterschiedlich gut bearbeiten lassen (vgl. Tab. 1).

Tabelle 1: Arten von Fragestellungen

Fragetyp	Leitfrage	Fragestellung an einem Beispiel
Deskription: Phänomenales sinnverstehendes Erkennen	Wie lässt sich die Realität in diesem Bereich beschreiben oder verstehen?	In welchen Bereichen/Feldern und mit welchen Themen hat es Coaching-Angebote in Österreich in den Jahren 2000 und 2013 gegeben?
Erklärung: Kausales Erkennen	Warum ist das so? Unter welchen Bedingungen verändert sich etwas?	Warum haben sich die Themen und Bereiche/Felder von Coaching-Angeboten in diesen 13 Jahren in einer bestimmten Weise verändert?
Prognose: Kausales Erkennen	Wie wird es künftig aussehen? Welche Veränderungen werden eintreten?	Wie werden sich Coaching-Angebote in Österreich bezüglich Feldern und Themen in Zukunft entwickeln?
Gestaltung: Aktionales Erkennen	Welche Maßnahmen sind derzeit geeignet, ein bestimmtes Ziel zu erreichen?	Wie können Coaching-Angebote für ein bestimmtes Feld/Thema entwickelt und verankert werden? Wie können diese Angebote den KundInnen nahegebracht werden?

1 Der/des ForscherIn *eigene Praxis* ist von ihr/ihm selbst kaum korrekt zu beforschen, vor allem nicht, wenn es um deren Gütebeweis geht. In Bezug auf eigene Tätigkeit könnten bloß Praxisberichte oder Falldokumentationen erstellt werden, die aber zumeist wenig(er) wissenschaftliche Bedeutung haben. Allgemeine Thesen wie im letzten Beispiel können zwar beforscht, aber in Psychologie und Sozialwissenschaft selten allgemeingültig „bewiesen" werden.

Kritik, Bewertung, Evaluation: Aktionales Erkennen	Wie ist ein bestimmter Zustand vor dem Hintergrund explizit genannter Kriterien zu bewerten?	Wie ist das Angebot von Gesundheitscoaching vor dem Hintergrund arbeitspsychologischer Aufgaben zu bewerten?

Quelle: (verändert nach) Karmasin & Ribing, 2002, S. 17.

Was auch immer das Anliegen ist, das jeweilige Erkenntnisinteresse des/der ForscherIn sollte im Einleitungskapitel einer Arbeit umrissen und der Hintergrund der Forschungsfrage dargelegt werden.

2.2 Vom großen Thema zur konkreten Frage

Ist das Erkenntnisinteresse klar und das Thema umrissen, geht es darum, die Forschungsfrage(n) zu präzisieren. Es soll eine zentrale Forschungsfrage ausgearbeitet werden, die eventuell aus einigen Detailfragen bestehen kann. Die Frage muss *theoretisch eingebettet* sein, d. h., sich aus dem Wissensbestand des Fachgebiets (Supervision, Therapieverfahren, Beratung) ableiten lassen. Ebenso können dazu Theorien aus Psychologie, Soziologie, Pädagogik, Biologie etc. herangezogen werden.

Um das Verhältnis des Themas zur Fragestellung, die bearbeitet wird, zu veranschaulichen, kann man sich vorstellen, das Thema sei ein Land (= bestimmtes Erkenntnisgebiet) auf dem Fachgebiets-Kontinent von Beratung bzw. Supervision oder Psychotherapie. In diesem Land wählt der/die ForscherIn nun eine bestimmte Region, dort eine Stadt, in dieser eine Straße, darin ein Haus und in dem Haus ein Zimmer einer Wohnung. Dieses Zimmer (vgl. Bsp. 2) ist die zu bearbeitende Fragestellung!

Praxisbeispiel 2: Fragestellungs-„Zimmer“

Kontinent:	Psychotherapie
Land:	Erkenntnisgegenstand Berufsforschung: Beruf des/der PsychotherapeutIn
Region:	Gesundheit von PsychotherapeutInnen
Stadt:	Berufliche Belastungen von PsychotherapeutInnen
Straße:	Work-Life-Balance: Burn-out bei PsychotherapeutInnen verhindern
Haus:	Berufliche Belastungen bei österreichischen PsychotherapeutInnen
Wohnung:	Umgang mit Belastungen des Berufs bei österreichischen PsychotherapeutInnen
Zimmer:	Welche Methoden haben österreichische PsychotherapeutInnen für sich entwickelt, mit ihren beruflichen Belastungen umzugehen? Welche Maßnahmen setzen österreichische PsychotherapeutInnen zur persönlichen Work-Life-Balance?

An diesem Beispiel wird klar, dass Themen wie „Spiritualität und Beratung", „Trauma in der Supervision", „Der Körper in der Psychotherapie" etc. *keine* geeigneten Fragestellungen von Forschungsarbeiten sind. Beachte: Eine Fragestellung hat ein Fragezeichen! Diese Bereiche sind Themen-„Länder" und müssen durch gezieltes Nachfragen bzw. Nachdenken erst auf die Ebene eines Fragestellungs-„Zimmers" heruntergebrochen werden. Sehr gut geeignet dazu sind die Fragen „Was interessiert mich daran?", „Was möchte ich zu dem Thema wissen?", um so in mehreren Schritten vom „Land" zum „Zimmer" zu kommen.[2] Wer schon weiß, was das Ergebnis sein wird, sollte eine andere Fragestellung wählen. Viele Aspekte und Bereiche werden dabei zurückbleiben und nicht bearbeitet werden können, auch wenn sie mit dem Thema zusammenhängen und wichtig sind (vgl. Bsp. 3).

Praxisbeispiel 3: Fragestellungsverengung, mögliche Sub-Fragestellungen

Zu Beispiel 2: Welche/wie stark sind die Belastungen im Vergleich mit anderen Gesundheitsberufen? Welche Belastungen hängen mit den Rahmenbedingungen von Psychotherapie in Österreich, wie z. B. Psychotherapiegesetz und Finanzierung von Psychotherapie zusammen? Welche Vorerfahrungen bzw. Persönlichkeitsstrukturen bei PsychotherapeutInnen sind geeignet, gut mit Belastungen umzugehen? Was lernen PsychotherapeutInnen über den Umgang mit Belastungen in der Ausbildung? etc.

Wissenschaftlicher Erkenntnisgewinn ist dadurch gekennzeichnet, dass die Wirklichkeit in Teilbereichen vertieft untersucht wird (vgl. Kap. 1 in diesem Band).

2.3 Entscheidung für eine (kleine) Forschungsfrage

Die Vielfalt von möglichen Fragestellungen zu einem bestimmten Thema macht es notwendig, sich zu entscheiden und dadurch vieles unbearbeitet zu lassen. Wolfberger (2007/2010, S. 84f.) nennt das: „Die Freiheit (der ForscherIn), nur ein Detail des Themas (vgl. Bsp. 3) zu bearbeiten. Alles auf eine Frage fokussieren". Welches Detail aus vielen möglichen Forschungsfragen man auswählt, bestimmt das *Erkenntnisinteresse* (vgl. Tab. 1, Arten von Fragestellungen) sowie die Recherche und Beschäftigung mit der *Fachliteratur*, die es zu dem gewählten Thema gibt. Bei Abschlussarbeiten muss nicht völliges Neuland beschritten werden, allerdings darf eine identische

[2] Diese Fragestellungsverengung geschieht am besten mit dem/der BetreuerIn Ihrer Arbeit oder einer/einem anderen wissenschaftlich versierten ReferentIn ihrer Ausbildung. Sehr schön hat die Argumente Umberto Eco in seinem Buch zum wissenschaftlichen Arbeiten beschrieben (Eco, 1977/2003, S. 16ff.).

Untersuchung aus letzter Zeit noch nicht vorliegen (möglich ist allerdings die Wiederholung einer lang zurückliegenden bedeutenden Arbeit und Interpretation einer möglichen Differenz der Ergebnisse). Es muss eine Unterscheidbarkeit zu schon vorhandenen, in der Literaturrecherche gefundenen Arbeiten gegeben sein. Die früheren Arbeiten zu dem Erkenntnisgebiet werden im theoretischen Teil der Abschlussarbeit, thematisch geordnet, als Verständnisvoraussetzungen für die empirische Untersuchung zusammengefasst.

Eine bewährte Methode ist auch, ein bekanntes, gut untersuchtes *theoretisches Konzept* (für unsere Fachgebiete Beratung, Supervision, Psychotherapie vor allem aus der Psychologie z. B.: Selbstwirksamkeit, Resilienz etc.) auf ein kleines, klar umrissenes Feld anzuwenden (vgl. Bsp. 4).

Praxisbeispiel 4: „Kleine" Forschungsfrage mit psychologischem Wissensgebiet

Hier könnte man etwa mit einer (quantitativen) Vorher-Nachher-Messung untersuchen, ob sich die Selbstwirksamkeit von jungen langzeitarbeitslosen Frauen durch einen halbjährigen Berufsorientierungskurs erhöht.

Oder (qualitativ) erheben, welche Erlebnisse, die ihre Resilienz gestärkt haben, Kinder in einer Kriseneinrichtung berichten.

Eine wichtiges Kriterium für die Entscheidung, welche der vielen möglichen Forschungsfragen („Zimmer") zu einem Thema („Land") gewählt wird, sind neben dem Erkenntnisinteresse und Studium der Fachliteratur die Ressourcen und Kompetenzen des/der ForscherIn: D. h., die Frage muss mit den zur Verfügung stehenden Mitteln bearbeitbar sein. Ein guter Zugang zu Aussagen von PatientInnen/KlientInnen,[3] von BerufskollegInnen, zu Ausbildungsinstituten etc. kann eine bestimmte Perspektive der Datenauswahl nahelegen und somit die Wahl der Fragestellung mit beeinflussen (vgl. Bsp. 5).

Praxisbeispiel 5: Unpraktikable/ressourcenübersteigende Forschungsfrage

Es hat z. B. keinen Sinn, als Fragestellung das Erleben von Borderline-Patientinnen in bestimmten Situationen zu wählen, wenn man keinen Zugang zu geeigneten PatientInnen(daten) hat!

Sollten sich in der Forschungsfrage mehrere große Fachgebiete finden, so ist es von Vorteil, zumindest über eines schon einen guten Überblick zu haben – mehrere große Gebiete für eine Arbeit ganz neu zu erarbeiten, kostet viel Zeit und Energie (vgl. Bsp. 6).

3 Achtung auf die Bedingungen, unter denen die Ethik-Kommission zur Genehmigung eines Themas angefragt wird bzw. Datenschutzfragen berücksichtigt werden müssen (vgl. Kap. 12 in diesem Band).

Praxisbeispiel 6: Viele Wissensgebiete umfassende Forschungsfrage

„Welche erlebnispädagogischen Angebote können zur erfolgreichen Bearbeitung von Krisen in interdisziplinären Teams eingesetzt werden?" Diese Fragestellung ist nur dann sinnvoll zu bearbeiten, wenn der/die ForscherIn in einem der großen Fachgebiete (Erlebnispädagogik, Krisen, Teamdynamiken und Teamentwicklung) schon Kenntnisse mitbringt. Ansonsten ist es sehr aufwendig, über mehrere neue Bereiche einen Überblick zu gewinnen. Dieser ist notwendig, um beurteilen zu können, welche Wissensbestände bei der Bearbeitung der Fragestellung berücksichtigt werden müssen.

Wer schon Erfahrung in einer bestimmten Erhebungs- oder Auswertungsmethode hat, kann besser abschätzen, worauf er/sie sich einlässt; die entsprechende Methode kann dann bewusster gewählt oder verworfen – und somit auch eine bestimmte Perspektive in der Fragestellung favorisiert oder ausgeschlossen werden.[4] Zu bedenken ist auch, dass qualitative Erhebungen idealiter von mehreren Personen ausgewertet werden sollen – man braucht eine/n Mit-ForscherIn oder zumindest kompetente DiskussionspartnerIn, um die Interpretation von qualitativen Daten abzusichern.

Eine sehr empfehlenswerte Möglichkeit ist es, eine/n wissenschaftlich versierten Lehrende/n zur Verengung der Forschungsfrage und Designentwicklung zu konsultieren bzw. sich überhaupt ein passendes Thema (eventuell in Verbund mit anderen Masterthesen, einem Forschungsprojekt) vorschlagen zu lassen. Dann profitiert der/die ForscherIn von der Synergie der KollegInnen, kann sich austauschen und so mehr Hilfestellung erhalten.

2.4 Die Forschungsfrage bestimmt das Design: quantitative oder qualitative Daten?

Je nachdem, welche Breite eine Forschungsfrage hat oder welche Erkenntnisse es zum gewählten Thema schon gibt, kann man sie als *theorie- bzw. hypothesengenerierend* (qualitativ) oder *theorie- bzw. hypothesenüberprüfend* (quantitativ) formulieren (Schigl, 2013). Qualitative und quantitative Forschungsansätze haben jeweils typische Forschungsdesigns, d. h. jeweils verschiedene Logiken, Abläufe und Formen, nach denen Erkenntnis generiert wird (vgl. Bsp. 7; vgl. auch Kap. 1 in diesem Band).

4 Es ist nützlich, sich zu fragen, ob man selbst gut den Überblick bewahren und Struktur schaffen kann – das hilft bei qualitativen Forschungsmethoden. Menschen, die selbst sehr kreativ und assoziativ denken, sind mit den strenger vorstrukturierten Designs der quantitativen Forschung besser beraten.

Praxisbeispiel 7: Quantitative vs. qualitative Forschungsfrage

So kann z. B. nach der Wirksamkeit eines psychotherapeutischen Vorgehens bei einer bestimmten PatientInnengruppe völlig unterschiedlich gefragt werden.

Quantitativ: Hat die Interventionsgruppe, die spezifische (festgelegte) psychotherapeutische Interventionen erhält, dieselben Veränderungen der Auftrittshäufigkeit von Zwangssymptomen wie die Wartegruppe, die keine bzw. unspezifische Psychotherapie bekommt?

Eine qualitative Fragestellung zu demselben Thema würde etwa lauten: Welche Interventionen erleben PatientInnen mit Zwangssymptomatik in der therapeutischen Situation als hilfreich? Was muss gegeben sein, dass sie diese Hilfen in alltäglichen Situationen umsetzen können?

Für beide Herangehensweisen sind die genaue Überlegung, Eingrenzung, Auswahl und (theoriebasierte, nachvollziehbare) Begründung der (einzelnen) Fragen (und Hypothesen), des Samplings sowie die dazu passenden Erhebungs- und Auswertungsinstrumente entscheidend.

Zum Abschluss noch Folgendes: Wenn Sie meinen, die Antwort auf eine Frage schon zu kennen, dann eignet sie sich nicht als Forschungsfrage. Und: Wenn sich die Forschungsfrage in der vertieften Beschäftigung mit dem Thema im Laufe des Literaturstudiums vor der empirischen Erhebung noch verändert, ist das ein gutes Zeichen: Es bedeutet, dass sich der/die ForscherIn im Fachgebiet besser orientieren kann und schon erste Erkenntnisse über das, was nicht so günstig am ersten Entwurf war, gewonnen hat.

Literatur

Eco, Umberto (2003). *Wie man eine wissenschaftliche Abschlussarbeit schreibt. Doktor-, Diplom- und Magisterarbeit in den Geistes- und Sozialwissenschaften* (Reihe: UTB – Interdisziplinär, Bd. 1512; 10., unveränd. Aufl.). Heidelberg: Müller (italienisches Original erschienen 1977).

Karmasin, Matthias & Ribing, Rainer (2002). *Die Gestaltung wissenschaftlicher Arbeiten. Ein Leitfaden für Haus-, Seminar- und Diplomarbeiten sowie Dissertationen* (Reihe: Manual; 3., vollst. überarb. Aufl.). Wien: Facultas (7., akt. Aufl. erschienen 2013).

Schigl, Brigitte (2013). Von der Idee zur Eingrenzung der Forschungsfrage über die Thesenbildung bis zum Design. In Gesundheit Österreich GmbH (GÖG) & Österreichisches Bundesinstitut für Gesundheitswesen (ÖBIG) (Hrsg.), *Psychotherapieforschung, Wissenschaftliche Beratung und Vernetzung* (S. 43-50). Wien: GÖG & ÖBIG.

Wolfberger, Judith (2010). *Frei geschrieben. Mut, Freiheit und Strategie für wissenschaftliche Abschlussarbeiten* (3., unveränd. Aufl.). Stuttgart: Böhlau/UTB (Erstaufl. erschienen 2007).

Erhebungsmethoden

Sabrina Naber

3 Quantitative Erhebungen

Im folgenden Kapitel wird das Vorgehen von quantitativen Datenerhebungen unter Einbezug von international validierten Assessments am Beispiel eines real durchgeführten Forschungsprojektes (Naber, 2012) dargestellt. Nach einigen allgemeinen Anmerkungen zur quantitativen Forschung wird ein kurzer Überblick über das Forschungsprojekt, welches für dieses Kapitel die Grundlage bildet, gegeben. Anhand von ausgewählten Beispielen aus dem Fragebogen werden die Anforderungen und Teilschritte einer quantitativen Datenerhebung abgebildet. Ein kurzes Fazit schließt das Kapitel ab.

3.1 Allgemeines

Um quantitativ forschen zu können, müssen die Daten in numerischer Form erhoben werden. In der sozialwissenschaftlichen Forschung werden neben Erhebungsbogen vor allem Fragebogen, die sich direkt an die befragten Menschen wenden, als quantitative Erhebungsinstrumente genutzt. Dabei können die Fragebogen im persönlichen Gespräch (mündlich), postalisch oder per Internetbefragung (schriftlich) verwendet werden. Beide Verfahren haben ihre Stärken und ihre Schwächen, womit man sich vor der Datenerhebung auseinandersetzen sollte (Bortz & Döring, 2006, S. 236ff.). Die Gestaltung der Fragebogen reicht von geschlossenen über halboffene bis hin zu offenen Fragen. Das Spektrum kann folglich von einer sehr quantitativen Orientierung anhand von geschlossenen Fragen mit vorgegebenen Antwortmöglichkeiten (Kategorien) bis hin zu einer eher qualitativen Orientierung durch offene Fragen ohne vorgegebene Antwortmöglichkeiten reichen. Bei qualitativen Angaben können die Ergebnisse später in Kategorien zusammengefasst und entsprechend kodiert werden.

Zur Entwicklung des Fragebogens benötigt man eine fokussierte Fragestellung (vgl. Schigl, in diesem Band). Wenn das Thema des Forschungsprojektes auf diese Weise festgelegt ist, kann das Thema mit einem „Brainstorming“ in thematische Felder untergliedert werden. Danach wird eine sinnvolle Reihenfolge festgelegt, wodurch der Aufbau des Fragebogens bzw. Erhebungsbogens entsteht. Bei der Entwicklung und Formulierung der Fragen sollten verschiedene Überlegungen bedacht werden, z. B.:

- Wen befrage ich?
- Wie stelle ich die Fragen für die Befragten verständlich?
- Welche Sprache wähle ich?

Danach wird die Struktur der einzelnen Fragen überlegt, wie z. B. die Formatierung der Fragen:

- 3er-Skala („ja“, „teils/teils“, „nein“) oder 5er-Skala („sehr stark“ bis „gar nicht“)?
- Was gebe ich vor, was lasse ich offen?

Die vorherige Auswahl sowie die ausführliche Definition der Variablen sind die Grundvoraussetzungen für die Erhebung statistischer Daten. Zudem müssen eindeutige Messregeln (z. B. Alter in ganzen Jahren) aufgestellt und sog. Gütekriterien bedacht werden (vgl. Schmitt et al., in diesem Band). Die Erhebungsinstrumente und deren Anleitungen müssen so gestaltet werden, dass bei einer Wiederholung der Erhebung z. B. durch unterschiedliche ForscherInnen dieselben Ergebnisse erzielt werden (Anspruch der Intersubjektivität) (vgl. Gerull, 2005).

3.2 Das Forschungsprojekt als Grundlage

In Deutschland leben Menschen mit schweren Behinderungen überwiegend in stationären Einrichtungen (Theunissen, 2009, S. 377). Seltener sind ambulante Angebote. Das Modellprogramm „Wohnen mit Intensivbetreuung“ (WmI) der Fürst Donnersmarck Stiftung für Menschen mit Behinderungen, die eine intensive Betreuung und Pflege benötigen, stellt daher ein innovatives Projekt dar. Der Umzug der BewohnerInnen aus dem stationären Dauerwohnen in das ambulante WmI wurde von der Alice Salomon Hochschule Berlin (ASH) wissenschaftlich evaluiert (vgl. Wolf-Ostermann et al., 2013). Hieraus entstand ein weiteres Projekt über die Perspektive der MitarbeiterInnen und bildet die Grundlage für diesen Beitrag.

Die konkreten Forschungsziele lauteten:

- Wie sieht die Perspektive der MitarbeiterInnen des Pilotprojektes bzgl. des Grades des Burn-outs, der Arbeits- und Lebenszufriedenheit sowie des Wohlbefinden aus?

- Gibt es Gemeinsamkeiten bzw. Unterschiede bei den MitarbeiterInnen zwischen den drei Standorten?

Die Befragung wurde auf postalischem Weg durchgeführt.

3.3 Fragebogenkonstruktion

Der Fragebogen bestand aus zwei unterschiedlichen Teilen. Zum einen wurden international validierte Assessments verwendet (bspw. WHO-5), die zum anderen durch selbst konzipierte Fragen ergänzt wurden. Wenn zusätzlich zu den international validierten Assessments eigene Fragen entwickelt werden, müssen hierbei viele bereits oben angesprochene unterschiedliche Aspekte beachtet werden. Zudem muss neben der Auswahl zwischen den drei Frageformen (geschlossene, halboffene oder offene Fragen) auch zwischen den drei Skalenniveaus (nominalskaliert, ordinalskaliert oder intervallskaliert/ metrisch) entschieden werden.

Geschlecht (nominal)

Für viele demografische Variablen wie Geschlecht, Alter, Nationalität, Schulbildung etc. existieren bereits anerkannte Definitionen, z. B. durch das Statistische Bundesamt oder den Arbeitskreis Deutscher Markt- und Sozialforschungsinstitute e.V. (ADM).[1]

Die Frage nach dem Geschlecht in dem Fragebogen war eine geschlossene Frage (vgl. Bsp. 1).

Praxisbeispiel 1: Geschlecht		
Geschlecht:	☐ weiblich	☐ männlich

Die geschlossene Frage nach dem Geschlecht ist ein Beispiel für eine nominalskalierte Variable:

- Objekten mit gleicher Merkmalsausprägung werden die gleichen Zahlen zugeordnet,
- eine Rangfolge kann nicht erstellt werden,
- es sind nur einfache Rechenoperationen wie Häufigkeitsauszählungen und Kreuztabellen möglich.

1 Vgl. http://www.destatis.de (Statistisches Bundesamt) und http://www.adm-ev.de (ADM).

Alter (metrisch/ordinal)

Die Frage nach dem Alter in dem Fragebogen war eine offene Frage (vgl. Bsp. 2).

Praxisbeispiel 2: Alter	
Alter:	_____ Jahre

Die offene Frage nach dem Alter ist ein Beispiel für eine metrische (intervallskalierte) Variable. Hier kann nicht nur eine Rangfolge erstellt werden (z. B. 25 Jahre ist jünger als 32 Jahre), sondern die Differenz zweier Merkmale bekommt eine Bedeutung (die Differenz von 25 zu 26 Jahren ist genauso groß wie die von 31 zu 32 Jahren, aber kleiner als die von 25 zu 32 Jahren).

An dieser Stelle soll angemerkt werden, dass es grundsätzlich sinnvoll ist, die Daten zuerst sehr differenziert zu erheben, da ansonsten ggf. wertvolle Informationen verloren gehen würden bzw. diese gar nicht erst erhoben werden. Wenn bei der Auswertung deutlich wird, dass eine Variable zu detailliert erfasst wurde, so kann diese im weiteren Vorgehen durch Umkodierungen zusammengefasst werden. Durch die Verdichtung der Variable weisen die Antwortkategorien mehr Fälle auf, und die späteren Berechnungen werden aussagekräftiger.

In der Auswertung wurden die verschiedenen Altersangaben in Altersklassen verdichtet. Für welche Altersklassen man sich entscheidet, hängt von der erwarteten Altersspanne der Befragten ab. Da in diesem Forschungsprojekt MitarbeiterInnen befragt wurden, wurden die Altersklassen dem berufsfähigen Alter zugeordnet (vgl. Bsp. 3),

Praxisbeispiel 3: Altersklassen						
Alter in Jahren:	☐ unter 20	☐ 20-29	☐ 30-39	☐ 40-49	☐ 50-59	☐ über 60

Die Verdichtung der Altersangaben ist ein Beispiel für eine ordinalskalierte Variable. Merkmale sind hier:

- Es kann eine Rangfolge hergestellt werden,
- es sind weitaus mehr statistische Operationen möglich.

Das Ergebnis könnte z. B. wie folgend formuliert werden: „Je älter, desto ...“.

Zufriedenheit (ordinal)

Die Frage nach der Zufriedenheit auf dem Fragebogen war eine geschlossene Frage (vgl. Bsp. 4).

Praxisbeispiel 4: Zufriedenheit

Wie zufrieden sind Sie mit Ihrer Tätigkeit im Wml, im Vergleich zu Ihrer vorherigen Tätigkeit im FDH?

☐ sehr zufrieden ☐ zufrieden ☐ weder noch ☐ unzufrieden ☐ sehr unzufrieden

Die geschlossene Frage nach der Zufriedenheit ist ein Beispiel für eine ordinalskalierte Variable:

- Es kann eine Rangfolge hergestellt werden,
- die Ausnahme: „weder noch" wird als Kategorie zugelassen.

Haltung (ordinal)

Die Frage nach der eigenen Haltung zu der ambulanten Hilfeform wurde im Fragebogen als halboffene Frage gestellt. Durch die vorgegebene 5er-Skala kann eine Rangfolge der Antworten hergestellt werden. Zusätzlich können die Befragten ganz offen ohne Vorgaben ihre Begründung dazu schreiben (vgl. Bsp. 5).

Praxisbeispiel 5: Haltung

Welche Haltung haben Sie zu der ambulanten Hilfeform? Bitte begründen Sie diese.

☐ positiv ☐ eher positiv ☐ weiß nicht ☐ eher negativ ☐ negativ

Begründung: ______________________________

In diesem Fall werden die Antworten erst später kategorisiert, die Kategorien ergeben sich aus der Begrifflichkeit der Befragten und nicht aus der Begrifflichkeit der ForscherInnen. Eine Rangfolge lässt sich danach nicht erstellen. Das Gleiche gilt bei offenen Fragen (vgl. Gerull, 2005).

Wohlbefinden (WHO-5)

Der WHO „wellbeing Five"-Fragebogen zum Wohlbefinden (WHO-5) wurde 1998 von der Weltgesundheitsorganisation entwickelt (vgl. Psychiatric Research Unit, 1998/2004). Der WHO-5 besteht aus 5 Items, die auf einer 6-stufigen Likert-Skala beantwortet werden. Mit dem WHO-5 wird das Wohlbefinden der letzten zwei Wochen zum Zeitpunkt der Befragung untersucht. Im Fragebogen sah die Frage nach dem Wohlbefinden aus wie in vgl. Bsp. 6, mit der Ausnahme, dass die Zahlen für die Befragten nicht zu sehen waren bzw. die einzelnen Kästchen blanko dargestellt waren. Dadurch sollten Irritationen, welche womöglich die Nichtbeantwortung der einzelnen Fragen bedeutet hätten, vorgebeugt werden. Die Zahlen in den Kästchen sind Kodierungen für die Auswertung mit dem Statistikprogramm SPSS (Statistik- und Analyse-Software),[2] die sozusagen die Antworten numerisch darstellen (vgl.

Praxisbeispiel 6: WHO-5 „Wellbeing Five“ Fragebogen zum Wohlbefinden (1998)

Die folgenden Aussagen betreffen Ihr Wohlbefinden in den letzten zwei Wochen. Bitte markieren Sie bei jeder Aussage die Rubrik, die Ihrer Meinung nach am besten beschreibt, wie Sie sich in den letzten zwei Wochen gefühlt haben.

Während der letzten zwei Wochen ...	die ganze Zeit	meistens	mehr als die halbe Zeit	weniger als die halbe Zeit	manchmal	zu keiner Zeit
... war ich froh und guter Laune	⑤	④	③	②	①	⓪
... fühlte ich mich ruhig und entspannt	⑤	④	③	②	①	⓪
... fühlte ich mich beim Aufwachen frisch und ausgeruht	⑤	④	③	②	①	⓪
... fühlte ich mich energisch und aktiv	⑤	④	③	②	①	⓪
... war mein Alltag voller Dinge, die mich interessieren	⑤	④	③	②	①	⓪

Kap. 6 in diesem Buch).

Wie der WHO-5 in dem Forschungsprojekt ausgewertet wurde und welche Berechnungen mit der Statistiksoftware SPSS stattfanden, wird im 6. Kapitel dieses Buches erläutert.

2 Gratis-Download für 14 Tage: http://www-01.ibm.com/software/de/analytics/spss/products/statistics.

3.4 Fazit

Die vorgestellten Variablen und deren Ausprägungen zeigen beispielhaft, wie eine quantitative Datenerhebung mit Einbindung von international validierten Assessments geplant und umgesetzt werden konnte. Dabei sollte sowohl die Wichtigkeit von Auswahl und Definition der Variablen in einem standardisierten Forschungsprojekt deutlich gemacht werden als auch die Genauigkeit der Messregeln, um den Gütekriterien quantitativer Studien zu genügen. Zudem wurde empfohlen, Daten zunächst sehr detailliert zu erheben und diese ggf. im weiteren Vorgehen durch Umkodierungen zusammenzufassen. Im 6. Kapitel dieses Buches wird die statistische Auswertung mit SPSS anhand der Beispiele beschrieben.

Literatur

Bortz, Jürgen & Döring, Nicola (2006). *Forschungsmethoden und Evaluation für Human- und Sozialwissenschaftler* (Reihe: Springer-Lehrbuch; 4., überarb. Aufl.). Berlin: Springer.

Gerull, Susanne (2005). Quantitative Erhebungen am Beispiel einer Aktenanalyse. In Silke Birgitta Gahleitner, Susanne Gerull, Begoña Petuya Ituarte, Lydia Schambach-Hardtke & Claudia Streblow, *Einführung in das Methodenspektrum sozialwissenschaftlicher Forschung* (S. 25-32). Uckerland: Schibri.

Naber, Sabrina (2012). *Evaluation des Umzugs von Menschen mit Behinderungen aus dem stationären Dauerwohnen in das Wohnen mit Intensivbetreuung der Fürst Donnersmarck-Stiftung. Die Perspektive der ambulanten sozialpädagogischen Betreuung*. Masterarbeit. Berlin: Alice Salomon Hochschule.

Theunissen, Georg (2009). *Empowerment und Inklusion behinderter Menschen. Eine Einführung in Heilpädagogik und Soziale Arbeit* (2., akt. Aufl.). Freiburg: Lambertus.

Psychiatric Research Unit (2004). *WHO (Fünf) – Fragebogen zum Wohlbefinden (Version 1998).* Frederiksborg, Dänemark: Psychiatric Research Unit, WHO Collaborating Centre in Mental Health. Online verfügbar: http://www.cure4you.dk/354/WHO-5_German.pdf [22.01.2014] (englisches Original erschienen 1998).

Wolf-Ostermann, Karin, Naber, Sabrina, Gräske, Johannes, Bamborschke, Stephan, Bald, Karl & Wegscheider, Karl (2013). Vom stationären Dauerwohnen zum Wohnen mit ambulanter Intensivbetreuung. Erste Ergebnisse eines Pilotprojektes der Fürst Donnersmarck-Stiftung zu Berlin für Menschen mit schweren Behinderungen. *Neurologie und Rehabilitation, 19*(3), 183-192.

Michael Appel

4 Narratives Interview

Das narrative, d. h. erzählende Interview ist ein Verfahren der Erhebung qualitativer Interviews, das Ende der 1970er-Jahre von Fritz Schütze für die qualitative soziologische Forschung entwickelt wurde. Es hat sich seither zu einem der Standarderhebungsverfahren nicht nur in der soziologischen, sondern auch in der erziehungswissenschaftlichen und sozialarbeiterischen qualitativen Forschung entwickelt. Darüber hinaus hat es sich auch als Methode zur Fallanalyse in biografieorientierten Beratungsprozessen (Schütze, 2007a, b) geeignet gezeigt. Schließlich wurde auch das Potenzial des Erzählens persönlicher Erfahrungen zur Bearbeitung von biografischen Erleidensprozessen erkannt und methodisch reflektiert sowie für die Beratungsarbeit fruchtbar gemacht (ebd.).

Auch auf der Ebene der hochschulischen Ausbildung liegt die intensive Beschäftigung mit Erzählungen und ihrer „Hervorlockung" für angehende PsychotherapeutInnen, SupervisorInnen, SozialpädagogInnen etc. deshalb nahe, weil es in der jeweiligen Praxis darum geht, aufmerksam zuhören zu können und auch immer wieder Bedingungen dafür zu schaffen, dass KlientInnen frei von sich erzählen können.

4.1 Was ist ein narratives Interview?

Auf den ersten Blick scheint die Erhebungsmethode des narrativen Interviews die offenste Form zu sein, ein qualitatives Interview zu führen. Im Unterschied zum Leitfadeninterview oder dem problemzentrierten Interview wird nämlich kein Fragenkatalog erstellt, der auf vorab formulierte Hypothesen zu relevanten Themen, Teilaspekten und Zusammenhängen von Problemerklärungen fußt und eine aktive Gesprächsführung durch die InterviewerInnen beinhaltet. Vielmehr sollen nach einem Erzählimpuls der InterviewerInnen („erzählgenerierende Ausgangsfrage") die Befragten aus dem Stegreif (d. h. ohne Vorbereitung) und ohne weitere Nachfragen und Unterbrechungen ihre persönliche Geschichte erzählen („Eingangserzählung"). Erst nach Beendigung der Eingangserzählung durch die ErzählerInnen werden Nachfragen gestellt. Zunächst

Fragen, die auf die Erweiterung des Erzählten zielen („immanente narrative Nachfragen“) und dann erzählgenerierende Fragen zu im Vorfeld als forschungsrelevant erkannten, aber bisher nicht benannten Themen („exmanente narrative Nachfragen“). Erst danach werden schließlich auch Fragen nach Gründen und Zusammenhangshypothesen der InformantInnen zu den erzählten Erfahrungen und Ereignissen gestellt („argumentative Nachfragen“).

Die Interviewtechnik wird nicht nur zur Erhebung von autobiografisch-narrativen Interviews genutzt, bei denen die komplette Lebensgeschichte oder auch – je nach Untersuchungsfragestellung – bestimmte Phasen (z. B. Phasen der Arbeitslosigkeit) und Aspekte der Lebensgeschichte (wie z. B. die Schul- oder Berufskarriere) erzählt werden, sondern auch zur Erhebung von interaktionsgeschichtlich-narrativen Interviews (vgl. Riemann, 2000), die zum Erzählen von Geschichten mit bestimmten InteraktionspartnerInnen (hier: KlientInnen) auffordern, mit welchen der/die Befragte (hier: Berater) Lebenszeit geteilt hat.

Das, was als Interviewtechnik zunächst einfach klingen mag („erzähl doch mal deine Geschichte, und ich höre dir zu“), ist jedoch sowohl von den theoretischen Vorannahmen als auch von der Interviewführung her sehr voraussetzungsreich. Darauf soll nun kurz eingegangen werden.

Warum ist es wichtig, dass die Befragten aus dem Stegreif und ohne Unterbrechung über Erfahrungen und Ereignisse, in die sie persönlich verwickelt waren, sprechen?

Die Technik des narrativen Interviews wurde u. a. auf der Grundlage der soziolinguistischen Erkenntnis entwickelt, dass die Darstellungsform der Erzählung selbst erlebter Erfahrungen und Ereignisse gleichsam eine Eigendynamik entwickelt. Diese Dynamik ist sowohl Regeln und Orientierungsmustern des autobiografischen Erzählens[1] (thematische Gesamtgestalt, Verkettung der Ereignisse, Darstellung der wichtigsten handelnden Personen und sozialen Rahmen etc.) als auch den sog. „Zugzwängen des Erzählens“ (Schütze, 2007b, S. 21, 29f., 32f.) geschuldet.

So tragen die Zugzwänge dazu bei, dass die Geschichte unter den Gesichtspunkten der Auswahl der wichtigsten Erfahrungen und Ereignisse gerafft dargestellt (Relevanzfestlegungs- und Kondensierungszwang), unter dem Gesichtspunkt der Verständlichkeit und Plausibiliät der Verkettung der Ereignisse und Erfahrungen detailliert wird (Detaillierungszwang) und schließ-

[1] Zu den Kommunikationsschemata der Sachverhaltsdarstellung Erzählung, Beschreibung, Argumentation vgl. Kallmeyer & Schütze (1977) und Kapitel 8 in diesem Band.

lich auch die angesprochenen Ereignisse und Prozesse zu einem Abschluss gebracht werden (Gestaltschließungszwang).

Das heißt, dass die Kommunikationsform der Stegreiferzählung gleichsam ein Selbstorganisationspotenzial des Erzählers entfaltet, welches dazu beiträgt, dass (nur) solche Erlebnisse und Ereignisse zur Sprache gebracht werden, die von (biografischer) Relevanz für die Befragten (gewesen) sind und Einblicke in das subjektive Erleben und Verarbeiten dieser Erfahrungen und Ereignisse geben – auch solchen, die den ErzählerInnen selbst nicht voll bewusst sind.[2]

Damit stellt das narrative Interview, das eine Stegreiferzählung eigener Erfahrungen in Gang setzt, einen besonderen Zugang zu lebensgeschichtlichen Erfahrungen zur Verfügung:

„Das autobiographische narrative Interview [und das interaktionsgeschichtlich-narrative] erzeug[en] Datentexte, welche die Ereignisverstrickungen und die lebensgeschichtliche [und interaktionsgeschichtliche] Erfahrungsaufschichtung des Biographieträgers [Erzählers] so lückenlos reproduzieren, wie das im Rahmen systematischer sozialwissenschaftlicher Forschung überhaupt nur möglich ist. Nicht nur der ‚äußerliche' Ereignisablauf, sondern auch die ‚inneren Reaktionen', die Erfahrungen des Biographieträgers [Erzählers] mit den Ereignissen und ihre interpretative Verarbeitung in Deutungsmustern gelangen zur eingehenden Darstellung." (Schütze, 1983, S. 285; Ergänzungen M.A.)

Wie gelingt es aber nun, eine Stegreiferzählung in Gang zu setzen, aufrechtzuerhalten und mit entsprechenden Nachfragen noch weiter zu detaillieren?

4.2 Zur Interviewführung: Aufgaben und Vorgehensweisen[3]

Kontaktaufnahme

Eine wichtige Rolle spielen die Aktivitäten der Kontaktaufnahme und die Gewinnung von InterviewpartnerInnen in der Phase vor dem Zustandekommen

---

[2] Wie sprachliche Phänomene Hinweise z. B. auf schwierige, ausgeblendete oder schamhaft besetzte Erfahrungen geben und wie diese Einblicke in Geschichten hinter der Geschichte geben können, wird in Kapitel 8 dieses Buches exemplarisch aufgezeigt.

[3] Ich beziehe mich hier auf zentrale Aspekte der Interviewführung, wie sie von Riemann (2010, S. 224-226) und Schütze (2007b, S. 5-15) beschrieben werden

des narrativen Interviews. Auch wenn die ersten Kontakte über Mittelsleute gemacht werden, ist es doch unabdingbar, dass die ForscherInnen selbst Kontakt aufnehmen, um ihr authentisches Interesse an der Einmaligkeit der persönlichen Erfahrungen der InterviewpartnerInnen und deren Bedeutung für das Forschungsprojekt deutlich zu machen. Im weiteren Vorgehen hat sich die Methode des Schneeballsystems bewährt. Im Folgenden wird auf die Aktivitäten der Face-to-Face-Situation der Interviewdurchführung eingegangen.

Vertrauensgrundlage

Ziel ist „die Herstellung einer ausreichenden Vertrauensgrundlage zwischen Forscherin und Informantin“ (Riemann, 2010, S. 224). Das narrative Interview stellt eine besondere Anforderung an die Befragten dar. Es verlangt den ErzählerInnen ab, sich auf eine zeitlich ausgedehnte (i. d. R. zwischen eineinhalb und drei Stunden) und detaillierte Schilderung persönlicher Erlebnisse einzulassen, wie sie im Alltag üblicherweise nicht vorkommt. Hierzu sind besondere Anstrengungen der Kommunikation und Aushandlung der InterviewerInnen notwendig. Beide InterviewpartnerInnen müssen sich wechselseitig unterstellen, (a) dass die einzigartigen Erfahrungen der Befragten für die Untersuchung von Relevanz sind und (b) dass die InterviewerInnen sensibel und vertraulich mit den Informationen und ihrer Interpretation umgehen und die Anonymität der InformantInnen strikt wahren (vgl. Schütze, 2007b, S. 3). Zur Herstellung der Wechselseitigkeitsbeziehung zwischen den InterviewpartnerInnen schlagen Riemann (2010) und Schütze (2007b) vor, dass der/die Forscherin sich als Person und das Forschungsvorhaben im Modus einer kurzen Stegreiferzählung darstellt. Wichtig ist, dass der/die InterviewpartnerIn sich frei für das narrative Interview entscheiden kann und sich damit die Erzählung seiner/ihrer Geschichte zu eigen machen kann.

Ausgangsfrage

„Eine eindeutig erzählgenerierende Ausgangsfrage“ (Riemann, 2010, S. 225) zu stellen, ist das zentrale Element für das Gelingen des narrativen Interviews und könnte für ein autobiografisch-narratives Interview wie in Beispiel 1 lauten.

Praxisbeispiel 1: Ausgangsfrage

Bitte erzählen Sie mir Ihre persönliche Lebensgeschichte ausgehend von einem von Ihnen selbst gewählten Zeitpunkt bis heute. Beginnen Sie bitte Ihre Lebensgeschichte an der Stelle, wo sie für Sie beginnt, und erzählen Sie dann, wie eins zum anderen kam bis zum heutigen Tag.

Daraufhin sollte kurz auf den „Modus Operandi" des narrativen Interviews eingegangen werden. Das heißt, dass InterviewerInnen ankündigen, gute ZuhörerInnen sein zu wollen und deshalb die Erzählung nicht zu unterbrechen. Nur in dem Falle, dass sie der Erzählung nicht mehr folgen können, würden sie Zwischenfragen stellen. Sie unterstreichen noch einmal, dass sie die persönliche Perspektive der InformantInnen kennenlernen möchten. Mit dem Verweis auf die Rolle des/der guten ZuhörerIn kann abschließend auch die Audioaufnahme des Interviews begründet werden. (Dies kann jedoch auch schon in der Phase der Herstellung der Vertrauensgrundlage geschehen.)

Eingangserzählung

Die Ausgangsfrage zielt ab auf „eine Eingangserzählung, die sich bis zur Erzählcoda frei entfaltet" (Riemann, 2010, S. 225). In der Regel bestätigen („ratifizieren") die InformantInnen die Erzählaufforderung und beginnen ihre Erzählung. Es ist von entscheidender Bedeutung, dass die InterviewerInnen während der Eingangs- bzw. Haupterzählung keine Zwischenfragen stellen. Gute ZuhörerInnen zu sein, heißt jedoch auch, mittels sog. verbaler und nonverbaler Rezeptionssignale („mhm", Gestik, Mimik) zu zeigen, dass sie der Darstellung aufmerksam folgen. Dazu gehört, den dargestellten Ereignissen und Erfahrungen auch authentisch beteiligt zu folgen (z. B. an lustigen Stellen mitzulachen oder traurige und leidvolle Erfahrungen mitfühlend – z. B. mimisch – zu begleiten). Schütze (2007b, S. 8) weist darauf hin, dass eine Korrektur möglich ist in einer frühen Phase der Eingangserzählung, wenn diese sich in ihrer Form an einem schriftlichen Lebenslauf orientiert oder sehr lakonisch und knapp ausfällt. Hier können dann ergänzende Nachfragen zum ursprünglichen Erzählstimulus wie z. B. nach der Herkunftsfamilie, nach Geschwistern, Eltern, Kindheitserlebnissen von Spielsituationen etc. gestellt werden. Die Haupterzählung soll prinzipiell bis zu ihrem erkennbaren Abschluss selbstläufig und ohne Unterbrechungen und Nachfragen der InterviewerInnen verlaufen. Nur dann können sich die Befragten ihrem Erinnerungsstrom überlassen und sich die sequenzielle Ordnung der Aufschichtung der lebensgeschichtlich relevanten Erfahrungen und Ereignisse vermittels der

Zugzwänge des Erzählens und der erzählerischen Orientierungsmuster entfalten. Der Abschluss des Interviews ist durch die Abschlussformulierung (Coda) erkennbar (vgl. Bsp. 2).

Praxisbeispiel 2: Abschlussformulierung (Coda)

Das war es, ich bin jetzt in der Gegenwart angelangt, ich hoffe, Sie können etwas damit anfangen.

Nachfrageteil

Der Nachfrageteil des Interviews beginnt mit den „immanenten narrativen Nachfragen“ (Riemann, 2010, S. 226). Die Interviewerinnen versuchen mit Nachfragen, die weitere Erzählungen anstoßen, an solche Stellen der Haupterzählung anzuschließen, die ihnen nicht plausibel erschienen oder wo weitere Erzählpotenziale deutlich, aber in der Erzählung nicht ausgeführt wurden. Wenn alle in der Erzählung angesprochenen oder auch nur angedeuteten Erzählpotenziale ausgeschöpft sind, können „exmanente narrative Nachfragen“ (ebd.) gestellt werden. Sie sollen nun Erzählungen von Erlebnissen anstoßen, die solche Aspekte der Forschungsfrage thematisieren, welche noch nicht angesprochen wurden. Es kann dabei auch auf vorformulierte Nachfragen zurückgegriffen werden, z. B. im Falle der Untersuchung von Migrationsprozessen nach den Ereignisabläufen, die der Ankunft im Zielland folgten. Erst zum Schluss sollen „beschreibende und argumentative Nachfragen“ (ebd.) gestellt werden, die besondere äußere Umstände und das innere Erleben von Ereignissen beschreiben, und solche, die z. B. nach Begründungen für bestimmte Entscheidungen im Leben und nach Erklärungen der InformantInnen fragen, wieso ihr Leben so und nicht anderes verlaufen ist.

4.3 Fazit

Das narrative Interview eignet sich als Erhebungsmethode für alle Fragestellungen, die auf die Rekonstruktion und das Verstehen des subjektiven, persönlichen Erlebens z. B.

- von biografischen Entwicklungs- und Erleidensprozessen,
- von Beziehungsgeschichten,
- von Prozessen der professionellen Fallanalyse und Fallarbeit oder
- von Prozessen der Zusammenarbeit zwischen KlientInnen und Professionellen

im Kontext von kollektiv-historischen, institutionellen und anderen sozialen Rahmenbedingungen abzielen.

Es kann darüber hinaus auch in Beratungssettings eingesetzt werden, um sich ein umfassendes Bild der Lebensgeschichte im Rahmen der Fallanalyse zu machen oder um die biografische Arbeit im Sinne der reflexiven Auseinandersetzung mit der eigenen Lebensgeschichte anzustoßen.

Literatur

Kallmeyer, Werner & Schütze, Fritz (1977). Zur Konstitution von Kommunikationsschemata. In Dirk Wegner (Hrsg.), *Gesprächsanalysen* (Reihe: Forschungsberichte des Instituts für Kommunikationsforschung und Phonetik der Universität Bonn, Bd. 65; S. 159-274). Hamburg: Buske.

Riemann, Gerhard (2000). *Die Arbeit in der sozialpädagogischen Familienberatung. Interaktionsprozesse in einem Handlungsfeld der sozialen Arbeit* (Reihe: Edition soziale Arbeit). Weinheim: Juventa.

Riemann, Gerhard (2010). Ein Forschungsansatz zur Analyse narrativer Interviews. In Karin Bock & Ingrid Miethe (Hrsg.), *Handbuch Qualitative Methoden in der Sozialen Arbeit* (S. 223-231). Opladen: Budrich.

Schütze, Fritz (1983). Biographieforschung und narratives Interview. *neue praxis, 13*(3), 283-293.

Schütze, Fritz (2007a). Biography analysis on the empirical base of autobiographical narratives: How to analyse autobiographical narrative interviews. Part I. *INVITE – Biographical Counselling in Rehabilitative Vocational Training. Further Education Curriculum*, Module B.2.1. Online verfügbar: http://www.uni-magdeburg.de/zsm/projekt/biographical/1/B2.1.pdf [22.01.2014].

Schütze, Fritz (2007b). Biography analysis on the empirical base of autobiographical narratives: How to analyse autobiographical narrative interviews. Part II. *INVITE – Biographical Counselling in Rehabilitative Vocational Training. Further Education Curriculum*, Module B.2.2. Online verfügbar: http://www.uni-magdeburg.de/zsm/projekt/biographical/1/B2.2.pdf [22.01.2014].

Silke Birgitta Gahleitner & Heidemarie Hinterwallner

5 Halbstrukturierte Erhebungsmethoden am Beispiel problemzentrierter Interviews

Im Zentrum des folgenden Beitrags steht ein Forschungsprojekt mit der Fragestellung: Wie bewältigen Frauen und Männer frühe sexuelle Gewalt, und welche Faktoren begünstigen eine positive Verarbeitung (Gahleitner, 2003, 2005)? Zielsetzung der Arbeit war, gewonnene Erkenntnisse der Therapie- und Beratungspraxis zugänglich zu machen. Die Untersuchung basierte auf 25 problemzentrierten Interviews und einer inhaltsanalytischen Auswertung (vgl. Kap. 9 dieses Buches).

5.1 Vorüberlegungen

Gewalterfahrung ist ein Forschungsgebiet, das intime und schmerzhafte Bereiche berührt. An die Zusammenhänge zwischen individueller Biografie, Missbrauchserfahrung und ihrer Verarbeitung kann man sich forschungsmethodisch mit qualitativen, halbstrukturierten Verfahren schonend und flexibel annähern. Wichtig ist dabei, nicht nur abstrahierend zu objektivieren, sondern offene Fragen zu stellen, sich auf „the actor‘s point of view“ (Witzel, 1982, S. 38) einzulassen, um die spezifischen, subjektiven Erlebens- und Wahrnehmungsweisen von sozialer Realität zu erfassen (vgl. Abb. 1; vgl. zu weiteren Methoden der Erhebung und Auswertung Flick, 2012; vgl. für eine Übersicht Mey & Mruck, 2007).

5.2 Das problemzentrierte Interview

Das problemzentrierte Interview (Witzel, 1982, 2000) folgt den Kriterien *Problemzentrierung, Gegenstands- und Prozessorientierung* und umfasst nach dem darauf abgestimmten *Sampling* (s. u.) einen *Interviewleitfaden*, die *Aufzeichnung* und das *Postskriptum* (vgl. Abb. 2; vgl. auch Mayring, 2002, S. 71; Lamnek, 2010).

Abbildung 1: Forschungsprozess der halbstrukturierten Erhebung

Sichtung des Problemfeldes und Entwicklung der Fragestellung

↓

Vorbereitungsphase (Entwicklung des Leitfadens, Interviewschulung, Sampling, Kontaktaufnahme, vorläufige Auswahl der Auswertungsmethode)

↓

Probeinterview und eventuell daraus resultierende Modifikationen am Vorgehen

↓

Durchführung der Interviews

↓

Aufbereitung der Daten

↓

Auswertung der Interviews im deduktiv-induktiven Wechselspiel (z. B. Qualitative Inhaltsanalyse)

↓

Ergebniserarbeitung und Darstellung

Abbildung 2: Ablaufmodell des Problemzentrierten Interviews

Problemanalyse

↓

Theoretisches Sampling

↓

Leitfadenkonstruktion

↓

Pilotphase: Leitfadenerprobung

↓

Interviewdurchführung, -aufzeichnung (Postskriptum)

↓

weitere Interviewauswahl (erneutes Theoretisches Sampling)

Problemzentrierung, Gegenstands- und Prozessorientierung

Die *Problemzentrierung* umreißt die Zielsetzung, die Äußerungen der Befragten zu speziellen Problemfeldern zu erfassen und zu verstehen. Die *Gegenstandsorientierung* ermöglicht, die Erhebung entlang der spezifischen Forschungsfrage zu gestalten – entgegen der häufig geübten Praxis, bewährte Forschungsmethoden relativ unabhängig vom Forschungsanliegen einzusetzen. Dabei sollte das Vorwissen zwar als formulierte Vorannahme deduktiv in den Forschungsprozess eingehen, aber nicht als feststehende Hypothese. Dies würde den Forschungsprozess einengen.

Diese *prozessorientierte* Arbeitsweise sorgt dafür, schrittweise innerhalb eines groben thematischen Rahmens die Einschätzungen der Befragten zum Problemzusammenhang herauszufinden. Dazu gehören neben der begleitenden Verarbeitung einschlägiger Literatur auch Erkundungen im Untersuchungsfeld z. B. die kommunikative Validierung mit der Praxis durch Diskussionsrunden etc. Auch begleitend stets den eigenen Zugang zum Thema zu reflektieren, ist von Bedeutung: „Eine reflexive Distanz ... bedeutet ... die Fähigkeit, ... Distanz aufgeben zu können, je nachdem, was in der Situation angemessen ist, d. h. zum besseren Verständnis des Geschehens beiträgt" (Volmerg, 1988, S. 136).

Theoretisches Sampling

Die Prozessoffenheit hat auch Auswirkungen auf die Art der Auswahl der UntersuchungsteilnehmerInnen und erfordert ein theoretisches Sampling (Glaser & Strauss, 1967/1998). So stammten die meisten der 25 UntersuchungsteilnehmerInnen der vorliegenden Untersuchung entsprechend der Fragestellung und Zielsetzung aus Therapie- und Beratungseinrichtungen im Berliner Raum. Über eine schrittweise Auswahl wurde jedoch versucht, möglichst viel Reichhaltigkeit in der Stichprobe zu erzielen. So zählten zu den InterviewpartnerInnen auch Betroffene, die bisher nicht mit Psychotherapie oder Beratung in Kontakt gekommen waren, verschiedene Altersgruppen (zwischen 27 und 75 Jahren) und Gewaltopfer, die im Verlauf ihrer Verarbeitung zu TäterInnen geworden waren.

Interviewleitfaden

Der Interview- oder Gesprächsleitfaden bildet einen groben Orientierungsrahmen für die Befragung. In ihm ist der gesamte Problembereich in Form von einzelnen, thematischen Feldern formuliert. Die innere Logik des Aufbaus der Themenfelder sowie die Reihenfolge der einzelnen, unter die jeweilige Thematik fallenden Fragerichtungen ist jedoch nur der „leitende Faden" für die Problemzentrierung des Interviews, soll also den Untersuchten nicht aufoktroyiert werden, sondern lediglich das angeeignete Hintergrundwissen zur Vorbereitung auf das Interview thematisch organisieren. Den Interviewten soll damit ein breiter Spielraum subjektiver Äußerungen und Deutungen eingeräumt werden.

In der vorgestellten Untersuchung sollte ein Zugang zur Lebenswirklichkeit der von sexueller Gewalt betroffenen Männer und Frauen geschaffen werden, der das Ineinander gesellschaftlicher Beeinflussung und individueller Verarbeitung ihrer Erfahrungen zum Ausdruck bringt, zugleich jedoch Antwort auf die spezifischen Aspekte der Forschungsfrage gibt (Witzel, 1982, 2010; vgl. auch Flick, 2012). Die offene Eingangsfrage zu ihrer Geschichte und ihrem Umgang mit der sexuellen Gewalterfahrung gab den InterviewpartnerInnen die Möglichkeit, die Schwerpunkte zunächst selbst zu bestimmen und in einen narrativen Erzählfluss zu gelangen, der sich erfahrungsgemäß als besonders reichhaltig in Bezug auf emotionale Inhalte erweist (Mey, 2001; vgl. auch Mey & Mruck, 2010). Im folgenden Leitfadenbeispiel (Bsp. 1) wurden einige Aspekte, z. B. der soziometrische Test, hinzugefügt, die bei Witzel (1982, 2010) nicht mit berücksichtigt sind. Auch wurde der Kurzfragebogen bewusst an das Ende platziert.

Praxisbeispiel 1: Interviewleitfaden

I. Vorspann

Wie Sie ja wissen, sammle ich im Rahmen einer Forschungsarbeit Erfahrungen von Frauen und Männern, die als Kind sexuelle Gewalt erlebt haben. Sie sind oft die besten ExpertInnen ihrer eigenen Situation. Strategien, die Ihnen geholfen haben, sind möglicherweise auch hilfreich für andere. Die Ergebnisse sollen anschließend BeraterInnen und TherapeutInnen, die in diesem Feld arbeiten, zugänglich gemacht werden und Anregungen für die Weiterentwicklung sinnvoller Interventions- und Therapiemethoden bieten. Zum Schutz Ihrer persönlichen Daten werden alle Ihre Angaben natürlich streng vertraulich behandelt und nach den Regeln des Datenschutzes aufbewahrt.

Ich möchte gerne noch etwas Wichtiges voranstellen: Mir kommt es in dem Interview auf Ihre ganz persönlichen Erfahrungen, Erkenntnisse und Ansichten an. Ich werde Ihnen nicht einen Katalog von Fragen vorlegen, sondern möchte Sie bitten, zu den verschiedenen Themen möglichst ausführlich zu erzählen, was Sie persönlich erlebt und erfahren haben. Ich werde mir dabei einige Notizen machen und nur nachfragen, wenn ich etwas nicht ganz verstanden habe oder wenn mich eine Einzelheit noch ausführlicher interessiert. Erst gegen Ende – vielleicht auch in einem zweiten Gespräch – sollen dann noch einige speziellere Fragen kommen. Wenn Sie mit diesem Vorgehen einverstanden sind, würde ich gerne beginnen.

III. Frage nach Auswirkungen

Gab oder gibt es Einschnitte, Krisen, Probleme, die Ihr Leben belaste(te)n?

Welche davon würden Sie aus Ihrer heutigen Perspektive der sexuellen Gewalt zuordnen?

Gab es andere erwähnenswerte Vorfälle in Ihrem Leben, die Sie im Nachhinein mit dem Missbrauch in Zusammenhang bringen?

IV. Fragen nach Copingstrategien

Welchen Umgang haben Sie mit dem Erlebten gefunden?

Welche Strategien haben Ihnen geholfen, besser damit zurechtzukommen?

Wenn Sie eine Empfehlung geben könnten – was könnten Kinder oder Jugendliche in einer solchen Situation tun?

V. Fragen nach Hilfsangeboten

Was war für Sie bei der Verarbeitung der sexuellen Gewalt hilfreich bzw. hinderlich?

Welche Erfahrungen mit Hilfsmaßnahmen haben Sie gemacht? Welche davon waren hilfreich, welche weniger oder gar nicht?

Was würden Sie aus Ihrer Erfahrung jemandem raten, der Ähnliches erlebt hat?

VI. Soziometrischer Test

Sie haben mir nun Einiges erzählt aus Ihrem Leben und wie Sie sich so erleben (und den sexuellen Missbrauch für sich erlebt und verarbeitet haben). Ich möchte mit Ihnen gemeinsam ein wenig einen Blick darauf werfen, welche Menschen in Ihrem Leben von Bedeutung waren ... FreundInnen, Verwandte, Bezugspersonen ...?

Haben Sie im Hinblick auf Ihre Problematik der sexuellen Gewalt von Ihrem Umfeld eher Unterstützung/Belastungen erfahren?

VII. Subjektive Theorien

Was verstehen Sie unter sexueller Gewalt, was ist das für Sie?

Was glauben Sie, wie sich sexuelle Gewalt auswirkt?

Was verstehen Sie unter Bewältigung ... wie würden Sie diesen Begriff am ehesten beschreiben?

VIII. Nachfragen

... die sich aus dem Kontext ergeben ... offene Fragen der InterviewpartnerInnen ...

Im Anschluss an die Eingangsfrage kamen die weiteren an der Fragestellung orientierten Themenkomplexe zur Sprache, wenn sie nicht von selbst bereits zum Thema geworden waren. Am Ende stand ein kleiner Kurzfragebogen zu demografischen Daten und Fakten. Der Ursprungsleitfaden wurde zunächst in Probeinterviews getestet, nochmals überarbeitet und auch in den weiteren Gesprächen immer wieder leicht modifiziert, bis er seine endgültige Form erhielt.

Transkription

Voraussetzung für eine adäquate Analyse des Textes ist neben einer hochwertigen Aufnahme auf einen Tonträger die anschließende Transkription des Gesprächs. Darüber hinaus können durch die schriftliche Aufzeichnung paralinguistische Momente des Gesprächs festgehalten werden, die bei der Interpretation hilfreich sein können, wie plötzliche Einsilbigkeit, Pausenlänge, Lautstärkeschwankungen, Interventionen der InterviewerInnen etc.

Postskriptum

Die InterviewerInnen selbst haben sich als Teil der Untersuchungssituation zu begreifen. Ihre Ahnungen, Zweifel, Vermutungen, Situationseinschätzungen, Beobachtungen von besonderen Rahmenbedingungen des Interviews und von nonverbalen Elementen beeinflussen den Kontext und Ablauf des Gesprächs. Dazu gehören auch die vom Aufzeichnungsgerät nicht erfassten Ereignisse unmittelbar vor einem Interview (z. B. Kontaktaufnahme, evtl. formulierte Erwartungen der Untersuchten an das Interview) sowie danach (persönliches Gespräch, Nachfragen zum Forschungszweck, Beratungseinrichtungen etc.). Deshalb ist das Niederschreiben der Ereignisse während, vor und nach dem eigentlichen Interview wichtig für die Auswertung (vgl. Bsp. 2).

Praxisbeispiel 2: Postskriptum

Postskriptum (Interviewprotokoll) des Interviews Nr. 4 mit Frau X

1. Rahmendaten

Interview-Code:	Frau X
Datum/Uhrzeit/Ort:	Donnerstag, den 15.08.2001, 15.00-17.00 Uhr, Arbeitszimmer
Dauer:	2 Stunden Interview

2. Einschätzung des Interviews

Gesprächsklima:	geschützter Raum, ruhiger Ablauf, zunächst gezwungen – dann im Verlauf offener
Reaktion der/des Befragten:	gute Rückmeldung auf die Offenheit des Interviews
Charakterisierung des I:	Frau X war sehr aufgeregt und unsicher, enttäuscht vom Hilfesystem und mit nur geringem Vertrauensvorschuss ausgestattet, hatte etwas zu kämpfen mit der Situation, sich erneut „auszuliefern“

InterviewerInnenleistungen:	etwas unsicher und nervös zu Beginn (bis bei beiden eine Lockerung eintrat), immer noch zu viele Kommentare und Ratschläge, jedoch etwas besser auf das Ende terminiert
Selbstreflexion:	zunehmende Sorge im Interview (scheint mir im Hilfenetz noch nicht aufgehoben), weitere Beratungsstellen empfehlen
Ergänzungsbefragung:	möglicherweise sinnvoll wegen der beeinträchtigten Anfangssituation, zwei Ergänzungen wurden schriftlich im Nachhinein im E-Mail-Kontakt vorgenommen und damit kommunikativ validiert

5.3 Fazit

Das problemzentrierte Interview strebt eine Integration von offenem Interview, Fallanalyse, biografischem Ansatz und Kurzfragebogen an, da diese sich wechselseitig jeweils gut ergänzen. Das konsequente Einlassen auf die Sichtweise der Interviewten einerseits und der Leitfaden als Hintergrund andererseits führen zu vielfältigen Daten und damit zu einer stets erneuerten Konkretisierung und Korrektur der Inhalte. Die Problemzentrierung gewährleistet, dass man den Untersuchungsgegenstand in aktiverer Form als üblich explorieren kann: Auf diese Weise wird eine große Datenbreite und -tiefe erreicht.

In der Literatur werden vier zentrale Anforderungen an qualitative Interviews beschrieben (Gläser & Laudel, 2010): Reichweite, Spezifität, Tiefe (affektive und kognitive Reaktionen der Befragten) und personaler Kontext. Bei den ersten Explorationsgesprächen ist zweifellos die Reichweite das bedeutsamste Kriterium, da hier vor dem Hintergrund relativ geringer Informationen gearbeitet werden muss. In den späteren Forschungsphasen rücken die Anforderung der Spezifität, Treffsicherheit und Tiefe mehr in den Vordergrund.

Erzähl- und verständnisgenerierende Kommunikationsformen in der Erhebung und der diskursiv-dialogische Wechselprozess zwischen bestehendem und zu ermittelndem Wissen in der Leitfadenentwicklung ermöglichen dem problemzentrierten Interview einen großen empirischen Spielraum (Witzel, 2000). Dies bringt die subjektiven Konzepte der Interviewten sowie der ForscherInnen einerseits sowie die theoriegeleitete Deduktion und Interpretation andererseits in einen lebendigen Austausch (vgl. Kap. 1 dieses Buches).

Über den gesamten Forschungsprozess hinweg lässt sich diesen Anforderungen mit dem problemzentrierten Interview relativ gut nachkommen.

Literatur

Flick, Uwe (2012). *Qualitative Sozialforschung. Eine Einführung* (Reihe: Rowohlts Enzyklopädie; 5. Aufl. der vollst. überarb. und erw. Neuausg.). Reinbek: Rowohlt.

Gahleitner, Silke Birgitta (2003). *Sexuelle Gewalterfahrung und ihre Bewältigung bei Frauen und Männern. Eine explorative Untersuchung aus salutogenetischer Perspektive.* Dissertation. Berlin: Freie Universität Berlin, Fachbereich Erziehungswissenschaft und Psychologie.

Gahleitner, Silke Birgitta (2005). *Sexuelle Gewalt und Geschlecht. Hilfen zur Traumabewältigung bei Frauen und Männern* (Reihe: Forschung psychosozial). Gießen: Psychosozial.

Gläser, Jochen & Laudel, Grit (2010). *Experteninterviews und qualitative Inhaltsanalyse als Instrumente rekonstruierender Untersuchungen* (Reihe: Lehrbuch; 4., unveränd. Aufl.). Wiesbaden: VS (letzte überarb. Aufl. erschienen 2009).

Glaser, Barney G. & Strauss, Anselm L. (1998). *Grounded Theory. Strategien qualitativer Forschung* (Reihe: Hans Huber Programmbereich Pflege). Bern: Huber (englisches Original erschienen 1967).

Lamnek, Siegfried (2010). *Qualitative Sozialforschung. Lehrbuch* (Reihe: Grundlagen Psychologie; 5., überarb. Aufl.). Weinheim: Beltz.

Mayring, Philipp (2002). *Einführung in die qualitative Sozialforschung. Eine Anleitung zu qualitativem Denken* (Reihe: Beltz Studium; 5., überarb. und neu ausgest. Aufl.). Weinheim: Beltz.

Mey, Günter (2001). Erzählungen in qualitativen Interviews: Konzepte, Probleme, soziale Konstruktionen. *sozialer sinn – Zeitschrift für hermeneutische Sozialforschung, 1*(1), 135-151.

Mey, Günter & Mruck, Katja (2007). Qualitative Interviews. In Gabriele Naderer & Eva Balzer (Hrsg.), *Qualitative Marktforschung in Theorie und Praxis. Grundlagen, Methoden und Anwendungen* (S. 249-278). Wiesbaden: Gabler.

Mey, Günter & Mruck, Katja (2010). Interviews. In Günter Mey & Katja Mruck (Hrsg.), *Handbuch Qualitative Forschung in der Psychologie* (S. 423-435). Wiesbaden: VS.

Volmerg, Birgit (1988). Erkenntnistheoretische Grundsätze interpretativer Sozialforschung in der Perspektive eines psychoanalytisch reflektierten Selbst- und Fremdverstehens. In Thomas Leithäuser & Birgit Volmerg (Hrsg.), *Psychoanalyse in der Sozialforschung. Eine Einführung am Beispiel einer Sozialpsychologie der Arbeit* (Reihe: WV-Studium, Bd. 148; S. 131-179). Opladen: Westdeutscher Verlag.

Witzel, Andreas (1982). *Verfahren der qualitativen Sozialforschung. Überblick und Alternativen* (Reihe: Campus Forschung, Bd. 322). Frankfurt: Campus.

Witzel, Andreas (2000). Das problemzentrierte Interview. *Forum Qualitative Sozialforschung, 1*(1), Art. 22. Online verfügbar: http://www.qualitative-research.net/index.php/fqs/article/view/1132/2519 [23.01.2014].

Auswertungsmethoden

Sabrina Naber

6 Auswertung statistischer Daten

Das folgende Kapitel baut auf dem 3. Kapitel „Quantitative Erhebungen" auf. Das dort vorgestellte Forschungsprojekt „Wohnen mit Intensivbetreuung (WmI) – Perspektive der sozialpädagogischen BeraterInnen" bildet auch hier anhand der dortigen ausgewählten Variablen die Grundlage. Dabei werden Berechnungen gezeigt und erläutert, die mit der Statistiksoftware SPSS durchgeführt wurden. Es wird u. a. anhand von Grafiken und Screenshots beschrieben, wie Daten in SPSS eingegeben, erste Berechnungen, z. B. zu statistischen Kennwerten und Häufigkeitsverteilungen, angestellt sowie mit welchen statistischen Berechnungen Zusammenhänge zwischen einzelnen Variablen hergestellt werden können. Das Kapitel schließt mit einem Fazit ab.

6.1 Allgemeines

In der Regel werden quantitative Datenerhebungen computergestützt ausgewertet. Es gibt hierfür verschiedene Softwareprogramme. An dieser Stelle wird angemerkt, dass bestimmte Berechnungen beispielsweise auch mit dem Office-Programm Excel durchgeführt werden können, jedoch werden für kompliziertere Verfahren, wie z. B. eine Varianzanalyse, Statistik-Programme benötigt. Das Forschungsprojekt, welches für dieses Kapitel die Grundlage bildet, wurde mit dem Statistikprogramm SPSS (Statistik- und Analyse-Software)[1] ausgewertet. SPSS wurde speziell für die Sozialforschung entwickelt, ein Selbststudium anhand von Literatur ist möglich (vgl. Bühl, 2012).

6.2 Dateneingabe

Als erster Schritt muss eine Datenmatrix erstellt werden, damit die erhobenen Daten berechnet werden können. Es gibt bei SPSS zwei Ansichten in der Matrix: die Datenansicht und die Variablenansicht. In der Datenansicht des vorgestellten Forschungsprojekts steht jede Zeile für einen Befragten bzw. Fragebogen und jede Spalte für eine Variable (vgl. Bsp. 1).

1 Gratis-Download für 14 Tage: http://www-01.ibm.com/software/de/analytics/spss/products/statistics.

Praxisbeispiel 1: Screenshot der Datendatei – Datenansicht

Teil_A_soziodemDaten.sav [DataSet1] - IBM SPSS Statistics Dateneditor

Datei Bearbeiten Ansicht Daten Transformieren Analysieren Direktmarketing Grafik Extras Fenster Hilfe

	CD_TN	CD_Einrichtung	A_datum	A_alt	A_geschl	A_leb	A_kind	A_Zahl_kind	A_natio	A_anderenat	A_abschl	A_abschl_...
1	1	1	.	41	1	2	1	1	1	888	5	888
2	2	1	06.09.11	48	1	2	1	1	1	888	4	888
3	3	1	31.08.11	54	2	1	2	888	1	888	5	888
4	4	1	01.08.11	50	2	2	1	1	1	888	1	888
5	5	1	01.09.11	52	2	2	1	2	1	888	1	888
6	6	1	10.09.11	37	1	1	1	1	1	888	5	888
7	7	2	15.08.11	-999	1	-999	-999	-999	1	888	1	888
8	8	2	28.08.11	-999	2	2	1	-999	-999	-999	5	888
9	9	2	29.08.11	43	1	2	1	1	1	888	-999	.
10	10	2	03.08.11	45	1	2	1	2	1	888	5	888
11	11	2	27.08.11	50	1	2	2	888	1	888	-999	.
12	12	2	.	47	1	1	1	1	1	888	5	888
13	13	2	03.08.11	24	1	2	2	888	1	888	3	.
14	14	2	16.08.11	26	2	2	2	888	1	888	1	.
15	15	2	29.08.11	48	1	1	1	2	1	888	2	.
16	16	2	.	42	1	-999	-999	-999	1	888	5	.
17	17	3	10.08.11	51	1	2	2	888	1	888	5	.
18	18	3	20.08.11	54	2	1	2	888	1	888	5	.
19	19	3	09.08.11	26	2	2	2	888	1	888	1	.
20	20	3	15.08.11	23	1	2	2	888	1	888	3	.
21	21	3	16.08.11	-999	1	2	2	888	1	888	-999	.
22	22	3	28.08.11	55	1	1	1	1	1	888	5	.

Datenansicht | Variablenansicht

Praxisbeispiel 2: Screenshot der Datendatei – Variablenansicht

Teil_A_soziodemDaten.sav [DataSet1] - IBM SPSS Statistics Dateneditor

Datei Bearbeiten Ansicht Daten Transformieren Analysieren Direktmarketing Grafik Extras Fenster Hilfe

	Name	Typ	Spaltenf...	Dezimal...	Beschriftung	Werte	Fehlend	Spalten	Ausrichtung	Maß	Rolle
1	CD_TN	Numerisch	4	0	Code der Mitar...	Keine	Keine	8	Rechts	Skala	Eingabe
2	CD_Einricht...	Numerisch	8	0	Codierung Einri...	{1, FDH}...	Keine	8	Rechts	Nominal	Eingabe
3	A_datum	Datum	8	0	Datum der Date...	Keine	Keine	8	Rechts	Nominal	Eingabe
4	A_alt	Numerisch	8	0	Alter	{-999, keine...	-999, 888	10	Rechts	Skala	Eingabe
5	A_geschl	Numerisch	8	0	Geschlecht	{1, weiblich}...	-999, 888	8	Rechts	Nominal	Eingabe
6	A_leb	Numerisch	8	0	Allein oder Part...	{-999, keine...	-999, 888	9	Rechts	Nominal	Eingabe
7	A_kind	Numerisch	8	0	Kinder	{-999, keine...	-999, 888	8	Rechts	Skala	Eingabe
8	A_Zahl_kind	Numerisch	8	0	Kinderanzahl	{-999, keine...	-999, 888	8	Rechts	Skala	Eingabe
9	A_natio	Numerisch	8	0	Nationalität	{-999, keine...	-999, 888	8	Rechts	Nominal	Eingabe
10	A_anderenat	Zeichenfolge	300	0	andere National...	{-999, keine...	Keine	8	Links	Nominal	Eingabe
11	A_abschl	Numerisch	8	0	höchster Absch...	{-999, keine...	-999, 888	8	Rechts	Nominal	Eingabe
12	A_abschl_std	Numerisch	8	0	pädagogische ...	Keine	-999, 888	8	Rechts	Skala	Eingabe
13	A_abschl_s...	Zeichenfolge	300	0	sonstiger Beruf	Keine	Keine	100	Links	Nominal	Eingabe
14	A_erfahrjahr	Numerisch	8	2	Jahre der Beruf...	{-999,00, ke...	-999,00, 88...	8	Rechts	Skala	Eingabe
15	A_FDST_ja...	Numerisch	8	2	Jahre im FDST	{-999,00, ke...	-999,00, 88...	8	Rechts	Skala	Eingabe
16	A_FDST_sp...	Numerisch	8	0	Springer im FDST	{-999, keine...	-999, 888	8	Rechts	Nominal	Eingabe
17	A_Standort...	Numerisch	8	1	Jahre im Standort	{-999,0, kei...	-999,0, 888,0	8	Rechts	Skala	Eingabe
18	A_Standort...	Numerisch	8	0	Springer im Sta...	{-999, keine...	-999, 888	8	Rechts	Skala	Eingabe
19	A_umfang	Numerisch	8	0	Arbeitsumfang	{-999, keine...	-999, 888	8	Rechts	Nominal	Eingabe
20	A_umfang_std	Numerisch	8	0	Stunden der Tei...	{-999, keine...	-999, 888	8	Rechts	Skala	Eingabe
21	A_dienst_we	Numerisch	8	0	Wochenenddie...	{-999, keine...	-999, 888	8	Rechts	Nominal	Eingabe
22	A_dienst_SD	Numerisch	8	0	Spätdienst in d...	{-999, keine...	-999, 888	8	Rechts	Nominal	Eingabe
23	A_dienst_FD	Numerisch	8	0	Frühdienst in d...	{-999, keine...	-999, 888	8	Rechts	Nominal	Eingabe
24	A_dienst_son	Numerisch	8	0	sonstiger Diens...	{-999, keine...	-999, 888	8	Rechts	Nominal	Eingabe

Datenansicht | Variablenansicht

Damit die erhobenen Daten in die Datendatei eingegeben werden können, müssen zuvor die einzelnen Variablen definiert werden. Es müssen in der Variablenansicht z. B. der Name der Variable, das Skalenniveau (vgl. Kap. 5 dieses Buches), die Wertelabels etc. festgelegt werden (vgl. Bsp. 2).

Wenn die Variablen festgelegt sind, können die Daten von den Frage- bzw. Erhebungsbogen in die Datendatei eingegeben werden. In diesem Forschungsprojekt wurde z. B. das Geschlecht der Befragten mit 1 für weiblich und 2 für männlich im Wertelabel kodiert. Bei der Variable „Geschlecht" wurden demnach die Frauen mit einer 1 und die Männer mit einer 2 in die Datendatei eingegeben.

6.3 Erste Auswertungen

Am Anfang wurde jede Variable einzeln ausgewertet. Welche Form dabei möglich ist, hängt vom Skalenniveau ab. Bei der nominalskalierten Variable „Geschlecht" konnte lediglich eine einfache Verteilung der Häufigkeiten angezeigt werden.

Praxisbeispiel 3: Gültige Fälle – Geschlecht

N	Gültig	22
	Fehlend	0

Zunächst errechnet SPSS, wie viele Fälle bei der Variable „Geschlecht" gültig eingetragen wurden (Bsp. 3). Demnach wurde für alle 22 Befragten ein Geschlecht in die Datendatei eingetragen. Wenn z. B. bei zwei Befragten kein Geschlecht angegeben wurde, gäbe es 20 gültige und 2 fehlende Fälle, falls die beiden fehlenden Fälle bei der Dateneingabe als fehlend angegeben wurden. Wird jedoch beispielsweise eine Zelle in der Datendatei nicht ausgefüllt, taucht diese als systemdefiniert fehlend in der Statistik auf.

Bei der Häufigkeitsverteilung werden die Kategorien – wie beim Beispiel „Geschlecht" weiblich und männlich –, die absolute Häufigkeit sowie drei verschiedene Prozentangaben angezeigt. Vorab kann man verschiedene Vorgaben machen, wie z. B. die Auflistung der Kategorien nach absteigenden Häufigkeiten. So kann auf einen Blick die häufigste, zweithäufigste usw. Kategorie erfasst werden. Bei diesem Beispiel sind von den 22 Befragten 15 Personen (68,2 %) weiblich und 7 Personen (31,8 %) männlich, dabei liegt der Anteil der Frauen mehr als doppelt so hoch wie der Anteil der Männer (vgl. Bsp. 4).

Praxisbeispiel 4: Häufigkeitsverteilung – Geschlecht

		Häufigkeit	Prozent	Gültige Prozente	Kumulative Prozente
Gültig	weiblich	15	68,2	68,2	68,2
	männlich	7	31,8	31,8	100,0
	Gesamtsumme	22	100,0	100,0	

Die Spalte „Prozent" gibt die Verteilung inklusive der als „fehlend" eingetragenen Fälle an. Dagegen berücksichtigt die Spalte „Gültige Prozente" diese fehlenden Fälle nicht. Mit welchen dieser Prozentzahlen im Rahmen eines Forschungsprojektes gearbeitet wird, hängt von inhaltlichen Kriterien ab. Wichtig ist dabei jedoch, die Entscheidung transparent zu machen. Die Spalte „Kumulative Prozente" ist dann interessant, wenn eine Rangfolge definiert wurde. Diese Tabellen können problemlos in eine Worddatei als Grafik exportiert werden. Im Programm SPSS können die Tabellen auch bearbeitet werden, aber als importierte Grafik in einer Worddatei können sie nur noch in der Größe angepasst werden. Zusätzlich ermöglicht das Programm SPSS die verschiedenen grafischen Darstellungen der Häufigkeitsverteilung z. B. als Balkendiagramm. Dabei können NutzerInnen umfassend in die Darstellung eingreifen, beispielsweise durch Festlegung der Farben, Anzeigen der Prozent- oder absoluten Werte etc. (vgl. Gerull, 2005). Wie das Balkendiagramm des Geschlechts inkl. Angabe der gültigen Prozente nach Bearbeitung aussah, zeigt Praxisbeispiel 5.

Praxisbeispiel 5: Verteilung der Geschlechter der Befragten

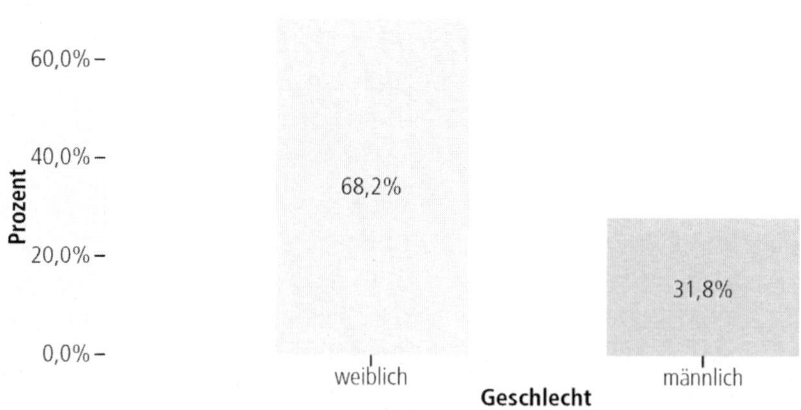

Durch die grafische Darstellung wird das Ergebnis von den LeserInnen schneller erfasst als mithilfe der tabellarischen Darstellung. Sollen jedoch die Daten z. B. für vergleichende Ergebnisse schnell erfasst werden, ist dagegen eine tabellarische Darstellung sinnvoller. Wie die Ergebnisse den LeserInnen am sinnvollsten visualisiert werden, sollte vorher sorgfältig überlegt werden.

6.4 Alter

Für die statistischen Kennwerte der Variable „Alter" konnten 19 Fälle ausgewertet werden (vgl. Bsp. 6), 3 Befragte hatten zu ihrem Alter keine Angaben gemacht. Das Alter der Befragten lag zwischen 23 (Minimum) und 55 Jahren (Maximum), wobei das allgemeine Durchschnittsalter 42,3 Jahre (Mittelwert) beträgt. Der Median (47 Jahre) ist der Wert, der eine Häufigkeitsverteilung halbiert, und liegt nah beim Mittelwert. In anderen Fällen ist er von größerer Bedeutung, er kompensiert nämlich die sog. „Ausreißer" und ist daher häufig der interessantere Wert. Weitere statistische Kennwerte, die mit SPSS berechnet werden können, sind z. B. die Standardabweichung, andere Streuungswerte etc.

Praxisbeispiel 6: Statistische Kennwerte für das Alter

Alter		
N	Gültig	19
	Fehlend	3
Mittelwert		42,95
Median		47,00
Minimum		23
Maximum		55

Da in diesem Forschungsprojekt drei verschiedene Standorte miteinander verglichen wurden, wurde zusätzlich das durchschnittliche Alter der Befragten aufgeschlüsselt nach den drei Standorten betrachtet. Man kann mit SPSS die Datendatei in verschiedene Variablen aufschlüsseln, nicht nur nach den drei Standorten, sondern z. B. auch nach dem Geschlecht etc. Demnach lag das durchschnittliche Alter der (6) MitarbeiterInnen im FDH mit 47,0 Jahren höher als das der (13) MitarbeiterInnen, die in den neuen WmI-Standorten arbeiteten, deren Durchschnittsalter betrug im WmI-Tempelhof 40,6 Jahre und im WmI-

Pankow 41,8 Jahre. Diese Aufschlüsselung des Durchschnittsalters nach den drei Standorten wurde anhand von Boxplots visualisiert (Bsp. 7).

Praxisbeispiel 7: Alter aufgeschlüsselt nach den drei Standorten

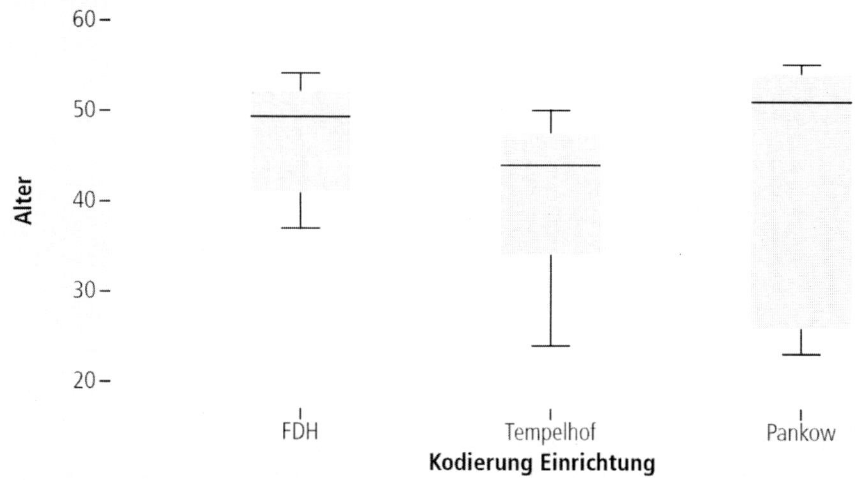

Im Forschungsprojekt wurden noch weitere Berechnungen erstellt, welche an dieser Stelle nicht weiter ausgeführt werden können, da dies den Rahmen des Beitrags sprengen würde. Jedoch werden im Folgenden die Berechnungsarten zur Anregung kurz aufgezeigt. Im Forschungsprojekt wurden für die Überprüfung von Unabhängigkeiten der Chi-Quadrat-Unabhängigkeitstest und für Zusammenhänge die Korrelationskoeffizienten Cramer-V, Pearson sowie Spearman verwendet. Bei der Feststellung von Korrelationen wurden diese in drei verschiedenen „Korrelationsgraden" kategorisiert. Es ist dabei wichtig, die verschiedenen Abstufungen der Korrelationen vorher zu definieren und transparent zu machen. Demnach lag von 0–0,3eine schwache, von 0,3–0,6 eine moderate und über 0,6 eine starke Korrelation vor. Für den Vergleich bzw. den Zusammenhang von Gruppenmittelwerten wurden der t-Test und die unifaktorielle ANOVA gerechnet. Zusätzlich wurden für die Hauptzielkriterien eine multifaktorielle AN(c)OVA bzw. univariate Varianzanalyse unter Einbezug von vier erklärenden Variablen gerechnet. Auch hier ist es wichtig, die erklärenden Variablen zu nennen, welche für die Berechnungen verwendet werden. Die multifaktorielle AN(c)OVA wurde wegen der geringen Fallzahlen ohne Wechselwirkungen gerechnet.

6.5 Zusammenhänge zwischen Variablen

Wie schon erwähnt, wurden im Forschungsprojekt die verschiedensten Variablen mit den unterschiedlichsten Berechnungen miteinander gerechnet. So wurde u. a. überprüft, ob ein Zusammenhang zwischen der Zufriedenheit der MitarbeiterInnen mit ihrer Tätigkeit im WmI, im Vergleich zu der vorherigen Tätigkeit im FDH und deren Einschätzung über die Lebenszufriedenheit der BewohnerInnen an ihren neuen Standorten besteht. Hierfür wurde der Korrelationskoeffizient zwischen den beiden ordinalskalierten Variablen nach Spearman berechnet. Andere Rangkorrelationen z. B. nach Pearson etc. können bei anders skalierten Variablen erfolgen. Nach welchem Korrelationskoeffizienten gerechnet wird, hängt von den jeweiligen Skalenniveaus der Variablen ab (vgl. Bühl, 2012).

Interessanterweise bestand ein starker signifikanter Zusammenhang zwischen den Einschätzungen der StudienteilnehmerInnen bzgl. ihrer eigenen Tätigkeitszufriedenheit und der Lebenszufriedenheit der BewohnerInnen (Spearman-Rho=0,780; p=0,001) (vgl. Bsp. 8).

Praxisbeispiel 8: Korrelation nach Spearman

			Einschätzung Lebenszufriedenheit Bewohner im WmI	Zufriedenheit mit Tätigkeit im WmI im Vergleich zu vorher im FDH
Spearman-Rho	Einschätzung Lebenszufriedenheit Bewohner im WmI	Korrelationskoeffizient	1,000	,780**
		Sig. (2-seitig)	.	,001
		N	20	15
	Zufriedenheit mit Tätigkeit im WmI, im Vergleich zu vorher im FDH	Korrelationskoeffizient	,780**	1,000
		Sig. (2-seitig)	,001	.
		N	15	15

Der Korrelationskoeffizient lag hier bei 0,780, welcher nach obiger Definition eine starke Korrelation zwischen den beiden Variablen anzeigt. Dieses statistisch signifikante Ergebnis (p=0,001) bedeutete also: Je höher die MitarbeiterInnen mit ihrer Tätigkeit zufrieden waren, desto besser schätzten sie die Lebenszufriedenheit der BewohnerInnen im WmI ein, und je weniger die MitarbeiterInnen mit ihrer Tätigkeit zufrieden waren, desto schlechter schätzten sie auch die Lebenszufriedenheit der BewohnerInnen im WmI ein.

6.6 Wohlbefinden – WHO-5

Anhand des WHO-5 (WHO „wellbeing Five"-Fragebogen zum Wohlbefinden: Psychiatric Research Unit, 1998/2004) wird gezeigt, wie dieses international validierte Assessment im Forschungsprojekt nach den Regeln des sog. „Handbuchs" ausgewertet wurde. Beim WHO-5 war dies ein einfacher Summenscore, der aus den Itemrohwerten berechnet wurde. Dabei bedeutete ein niedriger Wert ein niedriges Wohlbefinden und ein hoher Wert ein hohes Wohlbefinden. Die Fragen zum Wohlbefinden der letzten 14 Tage zum Zeitpunkt der Befragung wurden von 21 Personen beantwortet.

Als Erstes werden, wie am Anfang des Kapitels beschrieben (s. o., Abschnitt 6.2), die Variablen mit ihren Kodierungen, Regeln etc. in die Datenmatrix eingegeben. Danach werden die Daten von den Fragebogen unter Berücksichtigung der vorgegebenen kodierten Zahlen in die Datendatei eingegeben. Folgende Kodierungen müssen bei der Dateneingabe des WHO-5 beachtet werden:

0 = „zu keiner Zeit",
1 = „manchmal",
2 = „weniger als die halbe Zeit",
3 = „mehr als die halbe Zeit",
4 = „meistens" sowie
5 = „die ganze Zeit".

Anschließend wurde der WHO-5-Summenscore berechnet, der sich aus den Rohwerten der einzelnen Items zusammensetzte. Zunächst wurde der durchschnittliche Wert des WHO-5 berechnet, der mit 16,4 Punkten auf der Skala im oberen Bereich lag, was auf ein allgemeines Wohlbefinden der MitarbeiterInnen hinwies. Weitere Kennzahlen sind gültige Fälle, Fehlende Fälle, Minimum, Maximum, Standardabweichung (Bsp. 9).

Praxisbeispiel 9: Statistiken zum WHO-5

Alter		
N	Gültig	19
	Fehlend	3
Mittelwert		42,95
Median		47,00
Minimum		23
Maximum		55

Danach wurden die durchschnittlichen Werte vom WHO-5 nach den drei Standorten aufgeschlüsselt. Daraufhin wurde der WHO-5-Summenscore aufgeschlüsselt nach dem Geschlecht betrachtet, visualisiert mithilfe von Boxplots (Bsp. 10). Anschließend wurde die Unabhängigkeit der beiden Variablen mit dem Chi-Quadrat-Unabhängigkeitstest überprüft.

Praxisbeispiel 10: WHO-5 aufgeschlüsselt nach Geschlecht

6.7 Fazit

Die Wahl der Forschungsmethode richtet sich immer nach dem Forschungszweck (vgl. Bortz & Döring, 2006, S. 49ff.). Die Auswahl einer oder mehrerer Forschungsmethoden ist daher immer begründungspflichtig. Wenn Theorien überprüft und/oder Ergebnisse systematisiert werden sollen, werden quantitative Methoden eingesetzt. Sie sollen kausale Zuordnungen und allgemeingültige Vorhersagen im Sinne von Wahrscheinlichkeiten ermöglichen (vgl. Gerull, 2005).

Im vorgestellten Forschungsprojekt war das Ziel, die Perspektive der sozialpädagogischen BeraterInnen, die in einer neuen ambulanten Wohnform für Menschen mit schweren (Mehrfach-)Behinderungen arbeiten, zu überprüfen. Hierfür war eine quantitative Datenerhebung erforderlich, da beispielsweise ein Vergleich der drei Standorte mithilfe von qualitativen Interviews diese generalisierbare Beschreibung nicht ermöglicht hätte. Allerdings hätten qualitative Interviews dafür andere Erkenntnisse bringen können, wie z. B. das subjektive Erleben der neuen Arbeitssituation der einzelnen BeraterInnen.

Literatur

Bortz, Jürgen & Döring, Nicola (2006). *Forschungsmethoden und Evaluation für Human- und Sozialwissenschaftler* (Reihe: Springer-Lehrbuch; 4., überarb. Aufl.). Berlin: Springer.

Bühl, Achim (2012). *SPSS 20. Einführung in die moderne Datenanalyse*. München: Pearson.

Gerull, Susanne (2005). Quantitative Erhebungen am Beispiel einer Aktenanalyse. In Silke Birgitta Gahleitner, Susanne Gerull, Begoña Petuya Ituarte, Lydia Schambach-Hardtke & Claudia Streblow, *Einführung in das Methodenspektrum sozialwissenschaftlicher Forschung* (S. 25-32). Uckerland: Schibri.

Psychiatric Research Unit (2004). *WHO (Fünf) – Fragebogen zum Wohlbefinden (Version 1998)*. Frederiksborg, Dänemark: Psychiatric Research Unit, WHO Collaborating Centre in Mental Health. Online verfügbar: http://www.cure4you.dk/354/WHO-5_German.pdf [22.01.2014] (englisches Original erschienen 1998).

Katharina Gerlich

7 Von den Daten zu einer Theorie: die Grounded-Theory-Methode

Studierende stellen sich nach der ersten Datenerhebung oft verzweifelt die Frage, wie sie mit den Daten umgehen sollen. Meist beschäftigen sie folgende Fragen: Was ist jetzt nach den ersten Interviews zu tun? Wie analysiere ich diese Daten richtig? Welche Art von Ergebnissen soll am Ende der Analyse stehen? Die Grounded-Theory-Methode liefert Studierenden, die an der Entwicklung einer Theorie interessiert sind, Antworten dazu. Im folgenden Kapitel wird vorerst versucht, Studierende zur Anwendung dieser Methode für ihre qualitative Forschungsarbeit zu gewinnen. Danach wird in einem kurzen Abschnitt die Entwicklung der Grounded-Theory-Methode thematisiert. Das Herzstück liegt jedoch in der Beschreibung der Einzeltechniken anhand eines konkreten Beispiels.

7.1 Was macht die Grounded-Theory-Methode so spannend?

„Emerging" – spielerisch und kreativ

Die Methode erlaubt es, das zu untersuchende Phänomen aus den erhobenen Daten „aufsteigen" zu lassen, in der englischen Literatur oft auch als „emerging" bezeichnet. Um dann im ständigen Nebeneinander von Auswertung und Erhebung zu einer Kontextualisierung zu kommen, die der sozialen Realität entspricht und in den Daten „geerdet" ist. Dieses „Emerging" hat im Umgang mit den Daten einen fast spielerischen Charakter. Die Studierenden können durch die Technik des Vergleichens auch Gedankenexperimente durchführen, die meist zu neuen, oft überraschenden Themen und Aspekten führen.

Theorieentwicklung für die Praxis

Sobald bei den Studierenden der Anspruch besteht, das zu untersuchende Phänomen oder die Handlungen der AkteurInnen nicht zu beschreiben, sondern Hypothesen und eine Theorie zu entwickeln, bietet die Grounded-Theory-Methode ein bewährtes Verfahren an. Die Konzeptualisierung einer Theorie erlaubt es auch, Erklärungen und Prognosen für ähnliche Untersuchungsfelder abzugeben. Die Grounded Theory liefert damit Konzepte und konkrete Vorgangsweisen, die dazu dienen, neue Fragen und Probleme zu formulieren.

Klarheit der Arbeitsschritte

Es gibt auch pragmatische Gründe, sich für die Grounded-Theory-Methode zu entscheiden, da Strauss und Corbin mit ihrem gemeinsamen Buch (Strauss & Corbin, 1990, in deutscher Übersetzung 1996) eine praktische Anleitung für die konkrete Durchführung der Methode im klaren Schritt-für-Schritt-Stil geschrieben haben. Es liefert den Studierenden eine Sicherheit im Vorgehen.

7.2 Kurze Darstellung der historischen Entwicklung der Grounded-Theory-Methode

Die Entwicklung der Methode der Grounded Theory und deren Grundsätze sind eng miteinander verwoben. In den frühen 1960er-Jahren führten Strauss und Glaser eine Studie zu Tod und Sterben in Spitälern durch. Diese Studie resultiert in der Theorie des „Awareness of dying" (Glaser & Strauss, 1965). Im darauffolgend publizierten Buch „The discovery of Grounded Theory" (Glaser & Strauss, 1967) reflektieren Strauss und Glaser über die Methode, die sich im Zuge der Arbeit an ihrem Projekt entwickelte. Somit ist die Entwicklung der Grounded-Theory-Methode ebenso wie deren Ergebnisse aus den Daten erwachsen. Die Grounded-Theory-Methode entwickelte sich durch deren Anwendungen weiter, was auch die Gefahr einer gewissen „Verwässerung" des Begriffs und des Umgangs mit der Grounded Theory in sich birgt. Auch Glaser und Strauss begannen rasch, den Forschungsstil getrennt voneinander zu vertreten und in grundlegenden Aspekten unterschiedlich auszudifferenzieren (Glaser, 1978; Mey & Mruck, 2007). Die Autorin orientiert sich an den von Strauss und Corbin (1990/1996) beschriebenen Richtlinien, da diese für Anfänger der Methode eher geeignet sind.

7.3 Hauptmerkmale der Grounded-Theory-Methode

Da der Begriff und die Methode Grounded Theory in einigen Forschungsarbeiten recht verwässert verwendet werden, betont Strauss, dass bei der Anwendung der Grounded-Theory-Methode folgende Kriterien eingehalten werden müssen:

- *Theoriebildung:* Im Gegensatz zu Forschungsmethoden, deren Zugang stärker deskriptiv, also beschreibend, orientiert ist, geht es Strauss und seinen KollegInnen um eine theoriebildende Methodologie.
- *Gleichzeitigkeit der Arbeitsschritte:* Das wesentliche Merkmal der Forschungslogik der Grounded-Theory-Methode ist die zeitliche Gleichzeitigkeit der jeweiligen Arbeitsschritte. Die Grounded-Theory-Methode verlangt ein ständiges Ineinandergreifen von Handeln (Datenerhebung) und Reflexion (Datenauswertung und Theoriebildung).
- *Durchführung der Grundpraktiken:* Strauss beschreibt drei Grundpraktiken der Grounded-Theory-Methode, deren Durchführung als Grundvoraussetzung für eine gerechtfertigte Nutzung des Begriffs „Grounded Theory" als Methode gilt. Diese sind: das Kodieren, das „Theoretical Sampling" und die Methode des permanenten Vergleichens.

7.4 Einzeltechniken der Grounded-Theory-Methode

Kodieren

Kodieren repräsentiert Verfahren, in denen Daten zerlegt, konzeptualisiert und auf eine neue Art wieder zusammengefügt werden.

Offenes Kodieren

Entdecken der Konzepte: In den Arbeitsschritten des offenen Kodierens werden die Daten in einzelne Einheiten (Satzteile oder ganze Absätze) oder Vorfälle aufgebrochen. Des Weiteren werden diese Einheiten durch wiederholte Fragestellungen an die Daten einem Kode (einer Bezeichnung) zugeordnet.

Dies ergibt sich aus der Antwort auf die Fragen: Was geht hier vor?, Worum geht es?, Wer agiert? Die Begriffe, die im Laufe des Kodierens gesammelt werden, geben durch das permanente Fragen und das ständige Vergleichen mit ähnlichen und ganz unterschiedlichen Vorfällen Hinweise auf die dahinter liegenden Konzepte. Die Phasen des Aufbrechens der Daten und des zielgerichteten Kodierens greifen ineinander. Dieser Prozess liefert eine Fülle an Konzepten (auch Kodes genannt), die Kategorien zugeteilt werden. Diese Kategorien werden kontinuierlich genauer ausdifferenziert, da ja mit jedem neuen Textabschnitt neue Aspekte dazu auftauchen können.

Kategorienentwicklung: In den weiteren Arbeitsschritten wird das Kodieren immer zielgerichteter, um die gefundenen Konzepte in Kategorien und deren Subkategorien zu bündeln. Diese Kategorien werden vertieft, indem Eigenschaften und deren mögliche Dimensionen zusammengestellt werden. Dies ist notwendig, um neue Kodes und Ereignisse der nächsten Daten einer Kategorie zuzuordnen. Mithilfe der Platzierung der Kodes innerhalb des Spektrums der Dimensionen und Eigenschaften der Kategorien wird das Verständnis für diese Kategorie vertieft. Die Kategorie wird „gesättigt". Diese Konzepte und Kategorien werden auf Beziehungen zueinander untersucht und befragt, um Subkategorien zu identifizieren (vgl. Bsp. 1).

Praxisbeispiel 1: Kategorienentwicklung

Um sich im Rahmen einer Abschlussarbeit mit der Lebenssituation von finnisch-amerikanischen Bäuerinnen in einer entlegenen, unter ökonomischem Druck stehenden Region Michigans zu beschäftigen, wurden 12 Frauen interviewt. Im Zuge der ersten Analysephase wurden aus den Transkriptionen von 5 Interviews 40 Kategorien entwickelt. Um die Kategorien genauer voneinander abgrenzen und beschreiben zu können, wurden die Eigenschaften, die eine Kategorie charakterisieren, herausdefiniert. Einige der häufigsten Kategorien in den Interviews waren: Lebensplan, Belastung, der Hof, Lebensqualität erhalten, Konflikte, Kinder großziehen, Arbeit, Art der Arbeit, Frauenarbeit, Ruhestand und vieles mehr. In einem nächsten Schritt wurden diese Kategorien mit den vorher gesammelten Kodes verglichen. Hier sollten folgende Fragen gestellt werden: Entsprechen die Kategorien wirklich den Daten? Finden sich alle Kodes in den Kategorien wieder?

Axiales Kodieren

Im axialen Kodieren werden die gefundenen und relevanten Kategorien im Rahmen des Strauss'schen Kodierparadigmas miteinander in Beziehung gesetzt. Dies ist ein komplexer Prozess von induktivem und deduktivem Denken in mehreren Schritten. Auch hier werden durch die Techniken des Fragens und Vergleichens Verbindungen und Beziehungen der Kategorien zueinander entdeckt.

Das Kodierparadigma bezieht sich auf den Kontext, in dem das Phänomen gebettet ist, auf die kausalen Bedingungen für das gefundene Phänomen, auf die intervenierenden Bedingungen, die eigentlichen Handlungs- und Interaktionsstrategien und deren Konsequenzen. Weiters werden im axialen Kodieren zusätzliche Eigenschaften der einzelnen Kategorien gesucht und jede Einheit, jedes Ereignis innerhalb des Spektrums der Kategorie-Eigenschaften platziert und miteinander in Beziehung gesetzt. Dies ermöglicht es, die Dimensionen und Eigenschaften zu sättigen (vgl. Bsp. 2).

Praxisbeispiel 2: Axiales Kodieren

In unserem Beispiel (vgl. Bsp. 1) wurde dieser Prozess für jene Kategorien durchlaufen, die in allen Interviews (also nicht nur der ersten 5) vorkamen, wie z. B. Übernahme, Großziehen der Kinder, Lebensplan, Lebensqualität erhalten, Belastung, Tradition bewahren, positive Einstellung gegenüber der bäuerlichen Arbeit, Frauenarbeit, Ruhestand, Arbeit, soziale Abmachungen, Generationen, Entscheidungsprozess und der Hof. Nach dem intensiven Prozess des axialen Kodierens, bei dem für jede dieser Kategorien ein Schema nach dem Strauss'schen Paradigma durchdacht wurde, konnten mögliche Beziehungen zwischen den Kategorien ergründet werden. Daraufhin wurden Statements zu den Beziehungen der Kategorien untereinander formuliert, in dem Wissen, dass diese Verbindungen zunächst hypothetisch sind. Daher müssen diese Statements einer Kontrolle in den Daten bestehen. Diese Ergebnisse des axialen Kodierens wurden mit 5 Beziehungs-Statements beendet. Hier zwei Beispiele dazu:

Memo zur Kategorie „Traditionsbewahrung"

Unter der Bedingung der *Einwanderung* und einer dementsprechenden *kulturellen Identität* werden die Betroffenen aktiv, indem sie versuchen, ihre kulturelle Identität zu konservieren. Sie *leben Bräuche, reproduzieren typische Ideale*, sprechen die *Sprache* und *geben diese weiter*. Diese Strategien führen zu einer *traditionellen Einstellung*, die die Beziehung der *Generationen*, die *Normen* und die *Geschlechterrollen* beeinflussen.

Memo zur Kategorie „Lebensplan"

Diese Kategorie ist in hier gekennzeichnet durch eine konkrete *problematische Situation* (Bedingungen), die ein schnelles Handeln erfordert und in ihrer Folge die Bäuerinnen zu der *Entscheidung* (Strategie) zwingt: Die Bäuerinnen entscheiden sich entweder, die *Arbeit am Hof* anzunehmen, ihren *landwirtschaftlichen Betrieb aufzubauen oder einen weiteren Hof zu übernehmen*. Die Konsequenzen dieser Entscheidung/Handlung sind das Entwickeln von *Organisations- und Managementstrategien* und die Abkehr von *Berufsmöglichkeiten* außerhalb des landwirtschaftlichen Betriebs.

Selektives Kodieren

„Central to the procedures is the selection of a core category and relating of all major categories both to it and to each other" (Strauss & Corbin, 1990, S. 142). Ein weiterer theoriebildender Integrationsschritt liegt im selektiven Kodieren, in dem eine vorläufig entworfene Theorie formuliert und im weiteren Verlauf mit den Daten verglichen bzw. verifiziert wird. Hier werden die Kategorien durch das Ausformulieren der „Mainstory" unter einer einzigen Kategorie, der *Kernkategorie*, subsumiert. Diese Kernkategorie und deren „Geschichte" werden an den gesamten Daten geprüft. Es werden konkrete Kontextmuster ausgearbeitet, die an der Theorie geprüft werden. Obwohl die Arbeitsschritte nacheinander beschrieben wurden, ist die Gleichzeitigkeit dieser Arbeitsschritte ein wichtiges Merkmal der Grounded Theory. So wird schon nach dem ersten Interview mit den Kodierschritten begonnen. Die ersten Hypothesen, die in den Memos schon nach dem ersten Interview formuliert werden, ergeben im „theoretischen Sampling" die Wahl der weiteren Interviews. Genauso können Erkenntnisse aus dem axialen Kodieren es erforderlich machen, zu den offenen und selektiven Kodierschritten zurückzukehren (vgl. Bsp. 3).

Praxisbeispiel 3: Selektives Kodieren

Die Geschichte zur Kernkategorie in unserem Beispiel wurde in zwei Schritten in Memos verfasst.

Memo zur Kategorie „Aufgaben"

Die „Geschichte" in diesem Feld handelt scheinbar von der Arbeit der finnisch-amerikanischen Bäuerinnen in Michigan. Die Arbeit der Frauen im bäuerlichen Familienbetrieb ist für das ökonomische Überleben der kleinen Bauernhöfe in dieser entlegenen Region notwendig. All die interviewten Bäuerinnen verrichteten tägliche Arbeiten, neben der Betreuung der Kinder und des Haushaltes. Die spezifischen Bedingungen für die Übernahme dieser unbezahlten Arbeit sind zum einen der Bedarf an zusätzlichen Arbeitskräften in einer ökonomischen oder/und familiären kritischen Situationen, zum anderen aber auch das persönliche Interesse der Frauen an der Art der Arbeit, ihren Sinn für Traditionen oder das Erfüllen von Erwartungen anderer oder ihrer eigenen.

Nach der weiteren Integration der Kategorie *Aufgaben* und deren Subkategorien *Arbeitsmotivation, Balancieren der Kinderbetreuung* und *Arbeitsmanagement* in die Geschichte konnte die Hauptkategorie wie folgt konzeptualisiert werden:

Memo zum „Halten des Familienbetriebs"

Unter der Bedingung eines bäuerlichen Familienbetriebs in einer ökonomisch angespannten Situation werden die Frauen aktiv, um ihren Bauernhof und ihre aktuelle Familiensituation erfolgreich „halten" zu können. In ihren Handlungen zeigt sich ihre Motivation zu arbeiten, Aufgaben zu übernehmen und dies mit den familiären Pflichten zu vereinen. Als Folge daraus bleibt der bäuerliche

Betrieb ökonomisch erfolgreich und die Frauen tragen maßgeblich zum „Halten“ einer stabilen Umgebung für das Großziehen der Kinder bei.

Diese Hauptgeschichte stellt das konzeptuelle Herz der entwickelten Theorie dar. Nach einer Rückkontrolle gegen die Daten wurde die genannte Hypothese bestätigt, da sie allen Interviews entsprach. Um die Theorie zu systematisieren, wurden spezifische Muster an Bedingungen entdeckt, die auch eine Darstellung der Ergebnisse erleichtert:

Fall I: Hoher Arbeitsdruck – Hof, auf dem eine Generationen lebt

Fall II: Hoher Arbeitsdruck – Hof, auf dem zwei Generationen leben

Fall III: Niedriger Arbeitsdruck – Hof, auf dem eine Generationen lebt

Fall IV: Niedriger Arbeitsdruck – Hof, auf dem zwei Generationen leben

Memos

Wie schon erwähnt, wird der gesamte Prozess vom Schreiben der Memos begleitet. Dies ist ein wichtiger Teil der Arbeit mit Grounded Theory, weil Erkenntnisse, vorläufige Thesen und nächste Arbeitsschritte dokumentiert und damit für die weitere Arbeit abrufbar gemacht werden. Die Memos dienen auch zur Orientierungshilfe während des oft sehr komplexen Alltags der Auswertung und Theorieentwicklung.

Theoretical Sampling

„Theoretical sampling is sampling on the basis of concepts that have proven theoretical relevance to the evolving theory” (Strauss & Corbin, 1990, S. 176). Wie bereits erwähnt, werden die weitere Auswahl der nächsten Interviews und deren Transkription oder anderer Daten (wie z. B. Literatur) aufgrund der ersten Auswertungen und der daraus resultierenden Memos durchgeführt. Das Theoretical Sampling ist ein Grundstein für den kreisläufigen Charakter des Forschungsprozesses der Grounded-Theory-Methode.

Permanente Vergleiche

Wie schon bei der Beschreibung der Kodierverfahrens erwähnt, beruhten viele Erkenntnisse innerhalb dieses Prozesses auf Vergleichen, die bei der Entwicklung der Theorie „zwischen den Phänomenen und Kontexten gezogen werden und aus denen erst die theoretischen Konzepte erwachsen“ (Mey & Mruck, 2007, S. 17) .

Die Grounded-Theory-Methode erweist sich gerade durch ihre Handlungsorientiertheit und ihren starken induktiven Charakter als geeignet, um auch im Rahmen einer empirischen Abschlussarbeit im Bereich der Psychotherapieforschung oder bei Forschungsfragen zu psychosozialen Interventionen angewendet zu werden. Sie bietet die Möglichkeit, Theorien in diesem Feld zu entwickeln und eine bewährte grundlegende qualitative Methode kennen – und vielleicht auch lieben – zu lernen.

Literatur

Glaser, Barney G. (1978). *Theoretical sensitivity* (Reihe: Advances in the methodology of grounded theory). Mill Valley, CA: Sociology Press.

Glaser, Barney G. & Strauss, Anselm L. (1965). *Awareness of dying* (Reihe: Observations). Chicago: Aldine.

Glaser, Barney G. & Strauss, Anselm L. (1967). *The discovery of grounded theory. Strategies for qualitative research* (Reihe: Observations). Chicago: Aldine.

Mey, Günter & Mruck, Katja (2007). Grounded Theory Methodologie – Bemerkungen zu einem prominenten Forschungsstil. In Günter Mey & Barney G. Glaser (Hrsg.), *Grounded theory reader* (Reihe: Historical social research - Supplement, Bd. 19; S. 11-42). Köln: Zentrum für Historische Sozialforschung.

Strauss, Anselm L. & Corbin, Juliet M. (1990). *Basics of qualitative research. Grounded theory procedures and techniques.* Newbury Park, CA: Sage.

Strauss, Anselm L. & Corbin, Juliet M. (1996). *Grounded Theory. Grundlagen Qualitativer Sozialforschung.* Weinheim: Beltz PVU (englisches Original erschienen 1990).

Michael Appel

8 Analyse narrativer Interviews

Der vorliegende Text beschreibt das Analyseverfahren nach Fritz Schütze (1981, 1983, 1987) und beschränkt sich auf einige leitende Ideen. Im Fokus steht die Darlegung zentraler Schritte der Fallanalyse von autobiografisch-narrativen Interviews.[1] Weitere Schritte eines komplexeren Forschungsprozesses werden zwar kurz benannt, aber nicht mehr ausführlich dargestellt.

8.1 Kurzcharakterisierung

Die Besonderheit des vorgestellten Verfahrens besteht darin, dass aufgrund der sprachlichen Darstellung individueller Erfahrungen Erkenntnisse über individuelle und soziale Entwicklungsprozesse methodisch transparent und kontrollierbar herausgearbeitet werden können. Es gelingt mit diesem Verfahren, auch solche Sinngehalte und biografische Muster zu erkennen, die den Befragten selbst nicht bewusst vorliegen. Da die individualbiografischen Prozesse immer im Kontext kollektiv-historischer und sozialer Prozesse dargestellt werden, können auch diese beschrieben und analysiert werden.

Die Auswertungsmethode von biografischen Interviews legt einen inhaltlichen Schwerpunkt auf die Rekonstruktion von Identitätsbildungsprozessen im Zusammenspiel mit sozialen Beziehungen, Rahmen und Prozessen. Hier fließen grundlegende Erkenntnisse über die *„Prozessstrukturen des Lebensablaufs"* (vgl. Schütze, 1981) ein, die in der sequenziellen und vergleichenden Analyse von narrativen Interviews gewonnen wurden. Beschrieben werden die Orientierung an *„institutionellen Ablaufmustern"* (z. B. Schule, Beruf, Familiengründung) und die Haltung, selbstgesteuert das eigene Leben zu gestalten (*„biografische Handlungsschemata"*). Von besonderem Interesse für „helfende Berufe" sind vor allem diejenigen Prozessstrukturen, die Phänomene der Unordnung und des Erleidens auf den Begriff bringen. Der

[1] Eine ausführlichere Einführung findet sich bei Riemann (2010): Mit dem Verfahren auswertbar ist auch das interaktionsgeschichtlich-narrative Interview. Außerdem zitiert er neuere Veröffentlichungen Schützes zur Biografieanalyse auf der Grundlage des narrativen Interviews und weist auf andere Auswertungsverfahren hin.

Begriff der *Verlaufskurve* bezieht sich auf Erfahrungen des Entgleitens der Gestaltung und Kontrolle der eigenen Lebensgeschichte und des nur noch Reagieren-Könnens auf äußere Umstände. In der Rekonstruktion der entsprechenden lebensgeschichtlichen Erfahrungen können sozusagen auch die Probleme hinter den Problemen bzw. die Geschichten hinter der vordergründigen Problemgeschichte analysiert werden. Der Begriff des *biografischen Wandlungsprozesses* nimmt Fähigkeiten in den Blick, die für die Betroffenen überraschend und unbekannt sind und zu einem kreativen Identitätsveränderungsprozess führen. Die korrespondierenden Erfahrungen und Umstände verweisen auf biografisch relevante Lern- und Bildungsprozesse.

8.2 Die Auswertungsschritte

Interviewkritik

Am Beginn der Analyse steht die Interviewkritik. Es wird überprüft, ob die Aufforderung zur Stegreiferzählung selbst erlebter Erfahrungen eindeutig formuliert und der Beginn der Haupterzählung von einer entsprechenden Dominanz des Kommunikationsschemas der Erzählung geprägt ist. Kommt keine biografische Erzählung zustande, laufen die nachfolgend beschriebenen Vorgehensweisen der Textanalyse ins Leere bzw. sind nur noch eingeschränkt anwendbar.

Um diese Interviewkritik leisten zu können, ist die Kenntnis der von Kallmeyer und Schütze (1977) beschriebenen drei grundlegenden *Kommunikationsschemata der Sachverhaltsdarstellung* (auch Textsorten genannt) unabdingbar:

- Die *Erzählung* zeichnet sich dadurch aus, dass mit ihr aufgezeigt wird, wie im Erleben der InformantInnen eins zum anderen kam und wie die Erlebnisse und Ereignisse in ihrer zeitlichen Abfolge miteinander verknüpft sind.
- Mit dem Kommunikationsschema der *Argumentation* werden z. B. Bilanzierungen von Lebensabschnitten und argumentative Auseinandersetzungen zur Legitimation, Bezweiflung, Selbstvergewisserung etc. vorgenommen.
- Die *Beschreibung* ermöglicht die Darstellung von sozialen und räumlichen Umfeldern und von inneren Zuständen, die Charakterisierung von

Ereignisträgern etc. und beinhaltet prinzipiell keine zeitliche Dimension, in der die Abfolge lebensgeschichtlicher Erfahrungen und Ereignisse vorangetrieben wird.

Formale Textanalyse

Sodann wird der Auswertungsschritt der formalen Textanalyse unternommen: Zunächst wird der gesamte Interviewtext daraufhin untersucht, welche Textsorten auftauchen und sich unterscheiden lassen. Anschließend werden die natürlichen Erzählabschnitte (sog. narrative Segmente) identifiziert. Leitfragen dabei sind: Wo fängt etwas Neues an, und wo hört es wieder auf? Anzeiger für den Beginn eines neuen Erfahrungs- bzw. Ereignisabschnitts sind Redewendungen, die als „Rahmenschaltelemente" bezeichnet werden und an Formulierungen wie „und dann", „später", „danach", an Erzählpausen, Konjunktionen wie „und", „aber" erkannt werden. Das Ende eines Erzählsegments ist i. d. R. mit Abschlussformulierungen, sog. „Ergebnissicherungen" des dargestellten Erfahrungsabschnitts – z. B. der Kindheit mit der Formulierung „das war eine schöne Zeit" – verbunden und kann daran erkannt werden.

Strukturelle Beschreibung

Der daraufhin folgende Arbeitsschritt der strukturellen Beschreibung entspricht der formalen und inhaltlichen Beschreibung der identifizierten Erzählsegmente (Erfahrungsabschnitte). Es werden dabei nicht nur die manifesten Inhalte beschrieben. Das besondere Potenzial der Narrationsanalyse nach Schütze liegt in der „symptomatischen Datenanalyse", „die zunächst einmal vom formalen Erscheinungsbild der Daten ausgeht und hierbei eine vollständige Beschreibung der Abfolge dieser unternimmt" (Schütze, 1983, S. 286).

Auf folgende Aspekte soll nun näher eingegangen werden:

- die formale Binnenstruktur des Erzählsegments (Einleitung, Erzählgerüstsatz, Detaillierung, Ergebnissicherung),
- die formale Besonderheit einer sog. Hintergrundkonstruktion als Hinweis auf besonders schwierige und häufig ausgeblendete Ereignisse,
- das Zusammenspiel von formaler Struktur und inhaltlicher Interpretation der dargestellten Einzelereignisse, ihre Verknüpfung mit vorangehenden Ereignissen und Erlebnissen sowie ihre Einbettung in segmentübergreifende biografische Prozessstrukturen.

In Praxisbeispiel 1 wird dies an einem Interviewausschnitt[2] exemplarisch aufgezeigt.

Praxisbeispiel 1: Strukturelle Beschreibung

Der folgende Erfahrungsabschnitt ist das zweite Erzählsegment der Haupterzählung. Zuvor erfährt man, dass die Erzählerin (Jahrgang 1950) aufgrund des Drucks des Vaters die Grundschule nur bis zur dritten Klasse besuchen durfte. Kollektive und sozialweltliche Prozessstrukturen (patriarchale Lokalgesellschaft, vorbestimmte Lebenswege der Mädchen als Ehefrau, Mutter und Mitgift-Einbringerin) und biografische Prozessstrukturen (massive Behinderung der Bildungsaspiration der Protagonistin, fremdbestimmter Lebensablauf) werden i. S. eines lebensgeschichtlichen Mottos, eben durch diese Kontexte der Fremdbestimmung in der persönlichen Entwicklung eingeschränkt worden zu sein, der Gesamterzählung vorangestellt.

Das Erzählsegment wird hier gleichzeitig bezüglich der Binnenstruktur gekennzeichnet:

Rahmenschaltelement	„Und von da ab
Einleitung	nun wegen der Not, die wir litten, und weil es nicht ausreichte,
Erzählgerüstsatz/Kernsatz	ging ich nach Mexiko [Stadt],
Detaillierung: Kommentar	aber ich ging im Alter von (,) in welchem Alter (?) (,) dreizehn Jahre
Detaillierung: Hintergrundkonstruktion	nämlich zu jener Zeit .. das heißt, meine Eltern (.) die Eltern waren so (,) wie erkläre ich Ihnen das (?) (,) sie wollten, dass ihre Kinder heirateten .. nun nicht so (,) dass man selbst auswählt, sondern (..) ich war dann sehr klein, und er [der Vater] wollte mich mit einer, einem Herrn verheiraten, man setzte ihn mir vor, wirklich (ich sagte mir) ich werde diesen Herrn nicht heiraten, man würde mir ein Haus bauen, dass ich nach Mexiko gehen würde (,) ich sagte ihm (,) ich antwortete nicht mehr meinem Vater .. ich antwortete ihm nicht und sagte mir ‚ich gehe besser weg' ..
Ergebnissicherung	dann ging ich nach Mexiko (,) es nahm mich mein Bruder mit, ich ging zum Arbeiten."[3]

Eine markante textuelle Auffälligkeit ist die sog. Hintergrundkonstruktion. Dazu ein paar erklärende Worte: Hintergrundkonstruktionen markieren i.d.R.

[2] Der Ausschnitt stammt aus einem vom Spanischen ins Deutsche übersetzten Interview mit einer „Kulturmittlerin" der in Zentralmexiko beheimateten Otomi aus dem Jahr 1994 (vgl. Appel, 2001).

[3] Das Erzählsegment wurde entnommen aus Appel (2001, S. 138); Transkriptionszeichen: (,) – kurzes Absetzen der Stimme, .. – kurze Pause, (?) – Frageintonation, (..) – ein Wort unverständlich, (ich sagte mir) – vermuteter Wortlaut, [ ] – Ergänzungen des Autors.

das Phänomen, dass aufgrund des Detaillierungszwangs[4] lebensgeschichtliche Erfahrungen und Ereignisse nachgetragen werden, die als leidvoll, schamhaft besetzt, unangenehm etc. erlebt wurden. Manchmal sind auch die darzustellenden Zusammenhänge so komplex, dass sie nicht ‚in einem Guss', sondern als besondere Schwierigkeiten im Leben nachträglich dargestellt werden (vgl. Schütze, 1987, S. 207-235).

Unter Beachtung der textuellen Auffälligkeiten werden nun die inhaltlichen Informationen interpretiert. Sie werden darüber hinaus im Zusammenhang mit den Einzelereignissen aus den vorangegangenen Erzählabschnitten (Segmenten) und hinsichtlich ihrer Einbettung in biografische Prozessstrukturen betrachtet. Zur Überprüfung von inhaltlichen Deutungen werden später im Analyseprozess auch Informationen und ähnliche Textstrukturen im Interview vergleichend bzw. ergänzend mit einbezogen (vgl. Bsp. 2).

Praxisbeispiel 2: Interpretation der inhaltlichen Informationen

Die Erzählerin (vgl. Bsp. 1) befindet sich als junges Mädchen in einem lokalgesellschaftlichen und familialen Rahmen strikter Rollenvorgaben und existenzieller Armut. (Später erwähnt sie, dass der Vater häufig das Familieneinkommen vertrunken habe und die Familie gelegentlich auch Hunger habe leiden müssen.)

Es wird deutlich, dass über die allgemein ähnlichen Erfahrungen und Bedingungen des Aufwachsens von Frauen in der indigenen Lokalgesellschaft hinaus die Protagonistin unter besonderen Bedingungen der Fremdbestimmung litt. Sie weist diesbezüglich auf die Besonderheit der außergewöhnlich frühen Migration mit 13 Jahren hin. Dies löst eine Hintergrunderklärung aus.

Die Hintergrundkonstruktion zeigt auf, dass seinerzeit äußere Umstände massiv in das Leben der Erzählerin eingriffen und sie gleichsam zu einer Getriebenen wurde.

Umgekehrt bringt sie auch zum Ausdruck, dass sie bereits im Alter von 13 Jahren über Fähigkeiten verfügte, ein Handlungsschema der Kontrolle und praktischen Bearbeitung der Verlaufskurve des Leidens und Getriebenseins zu entwickeln. Deutlich wird damit eine Haltung und entsprechende grundlegende Bereitschaft, sich trotz aller Widrigkeiten nicht unterkriegen zu lassen, was als biografische Ressource gelesen werden kann.

Die Analyse der anschließenden Erzählsegmente und ihrer suprasegmentalen Zusammenhänge zeigt einerseits, dass sich Erfahrungen der Fremdbestimmung und des Getriebenwerdens durch äußere, nicht beeinflussbare Umstände ebenso wie hartnäckige Strategien des Entgegensteuerns mehrmals wiederholen. Andererseits kann rekonstruiert werden, dass die Protagonistin u. a. durch das Aufsuchen von Lern- und Anregungsmilieus außerhalb der Familie (in der Kirchengemeinde und in lokalen Selbsthilfeprojekten von Nicht-Regierungs-Organisationen) und durch biografische RatgeberInnen und SachwalterInnen einen Prozess der kreativen Wandlung ihrer Selbstidentität erfährt.

Wie beziehe ich Vorabwissen ein?

[4] Zugzwänge des Erzählens neben der Detaillierung sind die der Kondensierung und der Gestaltschließung.

Analytische Abstraktion

Die analytische Abstraktion ist der nachfolgende Arbeitsschritt der Fallanalyse. Dieser besteht aus der *biografischen Gesamtformung*, in der die Biografie unter dem Gesichtspunkt der Abfolge und Verknüpfung der herausgearbeiteten Prozessstrukturen nachgezeichnet wird. Auf dieser Grundlage werden dann die autobiografischen Kommentarteile, die Auskunft über die Selbstinterpretation der eigenen Lebensgeschichte der ErzählerInnen geben, bewertet. Diese *Wissensanalyse* untersucht das Wissen über sich selbst im Lichte der (in Auseinandersetzung mit den narrativen Textteilen) rekonstruierten „faktischen" Prozessabläufe und fragt, ob die Selbstdeutungen der BiografieträgerInnen „passend" oder inkongruent sind.

Der „Gesamt-Arbeitsbogen" einer biografie-analytischen Studie nach dem Auswertungsverfahren von Schütze orientiert sich mit Blick auf die Herausarbeitung von generalisierbaren Erkenntnissen für den beforschten Gegenstandsbereich an den forschungslogischen Maximen der Grounded Theory (Glaser & Strauss, 1967/1998; vgl. Kap. 7 dieses Buches) mit den Prinzipien des maximalen und minimalen *kontrastiven Vergleichs* von (unterschiedlichen) Eckfällen und der *Bildung eines prozessbezogenen Modells*.

8.3 Fazit

Das beschriebene Auswertungsverfahren ermöglicht ausgehend von der Mikroanalyse formaler und inhaltlicher Komponenten der autobiografischen Stegreiferzählung das Verstehen von Bewegungsmechanismen individueller biografischer Entwicklungen im Kontext gesellschaftlicher Prozesse und Rahmenbedingungen. Damit kann das Auswertungsverfahren je nach Interesse und Zielsetzung als biografische Fallanalyse im Kontext der psychosozialen und sozialpädagogischen Fallarbeit (bzw. der methodischen Vorbereitung darauf) und auch als Forschungsansatz zur Untersuchung spezifischer prozessbezogener Fragestellungen der Sozialwissenschaften genutzt werden.

Literatur

Appel, Michael (2001). *Indianische Lokalkultur und gesellschaftlicher Wandel in Mexiko. Autobiographisch-narrative Interviews mit Kulturmittlern der Otomi* (Reihe: Biographie und Gesellschaft, Bd. 29). Opladen: Leske + Budrich.

Glaser, Barney G. & Strauss, Anselm L. (1998). *Grounded Theory. Strategien qualitativer Forschung* (Reihe: Hans Huber Programmbereich Pflege). Bern: Huber (englisches Original erschienen 1967).

Kallmeyer, Werner & Schütze, Fritz (1977). Zur Konstitution von Kommunikationsschemata. In Dirk Wegner (Hrsg.), *Gesprächsanalysen* (Reihe: Forschungsberichte des Instituts für Kommunikationsforschung und Phonetik der Universität Bonn, Bd. 65; S. 159-274). Hamburg: Buske.

Riemann, Gerhard (2010). Ein Forschungsansatz zur Analyse narrativer Interviews. In Karin Bock & Ingrid Miethe (Hrsg.), *Handbuch Qualitative Methoden in der Sozialen Arbeit* (S. 223-231). Opladen: Budrich.

Schütze, Fritz (1981). Prozeßstrukturen des Lebensablaufs. In Joachim Matthes, Arno Pfeiffenberger & Manfred Stosberg (Hrsg.), *Biographie in handlungswissenschaftlicher Perspektive. Kolloquium am Sozialwissenschaftlichen Forschungszentrum der Universität Erlangen-Nürnberg* (S. 67-156). Nürnberg: Verlag der Nürnberger Forschungsvereinigung.

Schütze, Fritz (1983). Biographieforschung und narratives Interview. *neue praxis, 13*(3), 283-293.

Schütze, Fritz (1987). *Das narrative Interview in Interaktionsfeldstudien* (Reihe: Studienbrief der Fernuniversität Hagen, Bd. 1). Hagen: Fernuniversität Hagen.

Silke Birgitta Gahleitner & Heidemarie Hinterwallner

9 Die Qualitative Inhaltsanalyse als flexible Auswertungsmethode

Beratung, Therapie und Supervision umfassen einen *komplexen Gegenstandsbereich*. Legt man ein biopsychosoziales Verstehensmodell zugrunde, stellt dies eine andauernde Herausforderung an Praxis wie Forschung dar (vgl. dazu Gahleitner et al., 2013): ein ständiges *Abwägen von Komplexität und Reduktion*. Neben den Möglichkeiten der quantitativen Sozialforschung mit ihrem Fokus auf verallgemeinerbaren Ergebnissen bietet die qualitative Sozialforschung hier den Zugang zu subjektiven Deutungen und Lebenswelten von Einzelnen und Gruppen. Sie eignet sich daher besonders gut für patientInnenorientierte bzw. klientInnenorientierte Forschungsvorhaben.

Die Qualitative Inhaltsanalyse ist über die Disziplinen hinweg ein populäres Auswertungsverfahren, die jedoch viele Definitionen und Variationen zulässt (Schreier, 2014). Bei der Qualitativen Inhaltsanalyse nach Mayring (1985, 2000, 2010) geht es um eine sorgfältige Deskription, um die „Erhebung sozialer Wirklichkeit" (Mayring, 1985, S. 188). Im Folgenden soll das Vorgehen der Qualitativen Inhaltsanalyse (vgl. aktuell zu dem Verfahren Schreier, 2014) entlang des bereits in Kapitel 5 zum problemzentrierten Interview eingeführten Forschungsprojekts zur Bewältigung sexueller Gewalt im Lebensalltag von Frauen und Männern (Gahleitner, 2003, 2005) schrittweise erläutert werden.

9.1 Datenaufbereitung

„Die Deskription, die exakte und angemessene Beschreibung des Gegenstandes ist ein besonderes Anliegen qualitativ orientierter Forschung ... Um dem wirklich Rechnung zu tragen, sollte man zwischen Erhebung und Auswertung einen Zwischenschritt stärker thematisieren: die Aufbereitung des Materials." (Mayring, 1993, S. 60)

Transkription

Wenn gesprochene Sprache, z. B. aus Interviews oder Gruppendiskussionen, in eine schriftliche Fassung gebracht wird, nennt man dies Transkription. Im Bereich der Forschung zu Beratung, Therapie und Supervision empfiehlt sich meistens die wörtliche Transkription. Dazu müssen bestimmte Transkriptionsregeln eingehalten werden. Für die Inhaltsanalyse empfiehlt sich die Anwendung folgender Regeln nach Flick (2007, S. 379ff.):

- ehms, äh, ähm, mhms werden transkribiert;
- „'ne", „'nem" und andere mundartliche und umgangssprachliche Formulierungen werden schriftsprachlich reformuliert;
- Wortwiederholungen bleiben stehen;
- an paralinguistischen Phänomenen werden notiert: kurze Pausen als Komma, Stimmsenkung und Pause als Punkt, lange Pausen mit Benennung der ungefähren Sekundenzeit – Beispiel: (6);
- Stimmhebung am Aussageende wird als Fragezeichen notiert;
- Mundart bleibt Mundart, was aber nicht übertrieben werden muss;
- paraverbale Notizen können eingefügt werden – Beispiele: [wirkt angestrengt], [ironisch], [sehr leise], [Lachen];
- Betonung wird unterstreichen oder fett markiert;
- wird jemand zitiert (Meine Oma hat gesagt: „Du ...", dann wird das Zitat auch mit „ " kenntlich gemacht.

Die Anonymisierung findet nach der Transkription statt, am besten mit der Suchen-und-Ersetzen-Funktion der Textverarbeitung.

Konstruktion deskriptiver Systeme als Vorläufer für Hauptkategorien

„Mit der Konstruktion deskriptiver Systeme soll das Material durch zu Kategoriesystemen zusammengestellte Überbegriffe geordnet werden. Die Kategorien werden theoriegeleitet *und* auf das konkrete empirische Material bezogen entwickelt" (Mayring, 1993, S. 74; Herv. d. Verf.). Grundgedanke bei der Konstruktion deskriptiver Systeme ist, in Verbindung mit allen anderen theoretischen Vorkenntnissen über den Gegenstand das konkrete empirische Material sinnvoll zu klassifizieren. Auch die Konstruktion deskriptiver Systeme steht also im für halbstrukturierte Verfahren typischen Spannungsverhältnis von Theorie und Empirie.

Als erste Suche nach konstruktiven Systemen dient das Transkript. In einem ersten Durchlauf werden am Rand des Textes Themen notiert, die im Interview als Antwort auf die Forschungsfrage auftauchen. Hat man auf diese Weise eine erste Sammlung deskriptiver Systeme gesammelt (man nennt das auch *zusammenfassende Inhaltsanalyse*), gleicht man sie mit den Themen aus der Theorie und Literatur ab, die einem bereits bekannt sind. Im vorliegenden Beispiel dienten die erarbeiteten Leitfadenkategorien Auswirkungen, Copingstrategien, Hilfsangebote, Soziales Umfeld als Schutz- oder Risikofaktor und subjektive Theorien zum Thema sexueller Gewalt als erste Ergebnisse aus der Literatur.

Aus den konstruktiven Systemen entwickelte sich auf diese Weise im weiteren Verlauf des Forschungsprozesses im deduktiv-induktiven Wechselspiel (s. u., strukturierende Inhaltsanalyse) ein ausdifferenziertes Kategoriensystem. Die 2., 3. und 4. Hauptkategorie im vorliegenden Projekt z. B. wurden deduktiv aus dem bisherigen Kenntnisstand abgeleitet, die 1. und 5. Hauptkategorie sowie sämtliche Unterkategorien 1. und 2. Ordnung induktiv aus dem Datenmaterial entwickelt (vgl. Bsp. 1).

Praxisbeispiel 1: Kategoriensystem

1	**Bedeutung der sexuellen Gewalt für den Lebensverlauf**
2	**Auswirkungen**
2.1	Initialfolgen
2.2	mittelfristige Folgen
2.3	Langzeitfolgen
3	**Bewältigung/Umgang/Coping**
3.1	**(symptomatischer Umgang/Coping)**
3.1.1	Angst
3.1.2	Auswegslosigkeit/Ohnmacht
3.1.3	Somatisieren
3.1.4	Gefühlsüberflutung/Bilder/Überforderung
3.1.5	Scham- und Schuldgefühle
3.1.6	Selbstwertproblematik
3.1.7	Zerstörung der Beziehungsfähigkeit/Vertrauensstörungen
3.1.8	Neigung zu Extremen/Überforderung
3.1.9	TäterInnenanteile bzw. -fantasien/Aggressionen
3.1.10	Autoaggression/Selbstverletzung/Suizidalität
3.1.11	Reinszenierung/Reviktimisierung/Retraumatisierung
3.2	**vermeidender Umgang/Coping**
3.2.1	Kontrolle
3.2.2	Verschweigen/keine Kommunikation/Tabuisierung
3.2.3	aufgrund äußerer Umstände „nicht dazu kommen"
3.2.4	Distanz/Rückzug/zum Schutz „beiseitelegen"

3.2.5 Verleugnung//Verharmlosung/amnestisches Verhalten
3.2.6 Verharren im Teufelskreis
3.2.7 Abspaltung von Gefühlen
3.2.8 Suchtverhalten/Drogenabusus
3.2.9 Regression
3.2.10 Angst vor dem Hilfesystem/schlechte Erfahrungen

3.3 aktiver Umgang/Coping
3.3.1 „Durchkämpfen“
3.3.2 Alternativerfahrungen
3.3.3 Hilfe annehmen können
3.3.1 aktiv Hilfe suchen
3.3.5 Zugang zu Gefühlen/Ausdruck von Gefühlen/Katharsis
3.3.6 Kommunikation über die Erfahrung
3.3.7 Einsicht/Klärung
3.3.8 Achten auf die Gesundheit
3.3.9 Aufdeckung/Konfrontation/Beziehung zum/zur TäterIn
3.3.10 Verantwortung übernehmen
3.3.11 Rückgewinnung der Macht/Manipulation/Kontrolle
3.3.12 Übernahme der Verantwortung/Sorge für andere
3.3.13 Entscheidungen treffen
3.3.14 Grenzen setzen
3.3.15 Innere Stimme/Instanz/Werte/Spiritualität
3.3.16 Entspannung/Ausdruck/Kreativität
3.3.17 Sport/Körperarbeit
3.3.18 eigene Professionalität
3.3.19 Öffentlichkeit herstellen

4 Soziale Unterstützung
4.1 professionelle Hilfe
4.2 Selbsthilfegruppe
4.3 Hilfe durch Umfeld
4.3.1 Familie
4.3.2 BeziehungspartnerInnen
4.3.3 FreundInnen
4.3.4 Arbeitsumfeld/KollegInnen/Ausbildung
4.3.5 gesellschaftliches Umfeld
4.3.6 fehlendes Umfeld/Einsamkeit
4.3.7 Erinnerungen an/Beziehung mit dem/der TäterIn

5 Subjektive Theorien
5.1 Sexuelle Gewalt
5.2 Auswirkungen
5.3 Bewältigung/Umgang/Coping
5.4 geschlechtsspezifische Aspekte
5.5 Therapiemethodik
5.6 Forschung zu sexueller Gewalt
5.7 Medienberichterstattung/Öffentlichkeit zu sexueller Gewalt

9.2 Datenauswertung mit der Qualitativen Inhaltsanalyse

Um sich zu verbildlichen, welche grundsätzlichen Wege man einschlagen kann, um ein zunächst unbekanntes sprachliches Material zu analysieren, schlägt Mayring ein kleines Gedankenexperiment vor:

„Man stelle sich vor, auf einer Wanderung plötzlich vor einem gigantischen Felsbrocken (vielleicht ein Meteorit?) zu stehen. Ich möchte wissen, was ich da vor mir habe. Wie kann ich dabei vorgehen? Zunächst würde ich zurücktreten, auf eine nahe Anhöhe steigen, von wo ich einen Überblick über den Felsbrocken bekomme. Aus der Entfernung sehe ich zwar nicht mehr die Details, aber ich habe das ‚Ding' als Ganzes in groben Umrissen im Blickfeld, praktisch in einer verkleinerten Form (*Zusammenfassung*). Dann würde ich wieder herantreten und mir bestimmte besonders interessant erscheinende Stücke genauer ansehen. Ich ... würde ... versuchen, den Felsbrocken aufzubrechen, um einen Eindruck von seiner inneren Struktur zu bekommen. Ich würde versuchen, einzelne Bestandteile zu erkennen, den Brocken zu vermessen, seine Größe, seine Härte, sein Gewicht durch verschiedene Meßoperationen feststellen (*Strukturierung*)." (Mayring, 1993, S. 54; Herv. d. Verf.)

Psychosoziale Komplexität ist nicht allein durch Variablenstatistik einzufangen. Als größter Vorteil der Qualitativen Inhaltsanalyse ist hier das systematische, d. h. Regel geleitete, schrittweise Vorgehen nach vorher explizierten Techniken zu nennen. Die – auch – deduktive Vorgehensweise als erster Schritt in der Auswertung stellt sicher, dass bei den angestrebten Aussagen an das bisherige Wissen über den jeweiligen Gegenstand angeknüpft wird. Die Qualitative Inhaltsanalyse erlaubt jedoch auch große induktive Arbeitsabschnitte und quantitative Schritte, was einen Schritt in Richtung Überwindung der so oft kritisierten Dichotomisierung *qualitativ* vs. *quantitativ* ermöglichen kann.

Am Beispiel sexueller Gewaltforschung wird dies gut deutlich. Es ist bereits viel geschrieben worden, dennoch fehlt es an Forschung zu spezifischen Gegenstandsbereichen. Das Vorgehen erlaubt, Bisheriges einzubeziehen, jedoch offen zu bleiben für neue Erkenntnisstränge, die alten Ergebnissen eventuell diametral entgegenlaufen. Abbildung 1 erläutert das Verfahren in Anlehnung an Mayring (1993) in den einzelnen Schritten.

Abbildung 1: Allgemeines Ablaufmodell der Qualitativen Inhaltsanalyse (Mayring, 1993)

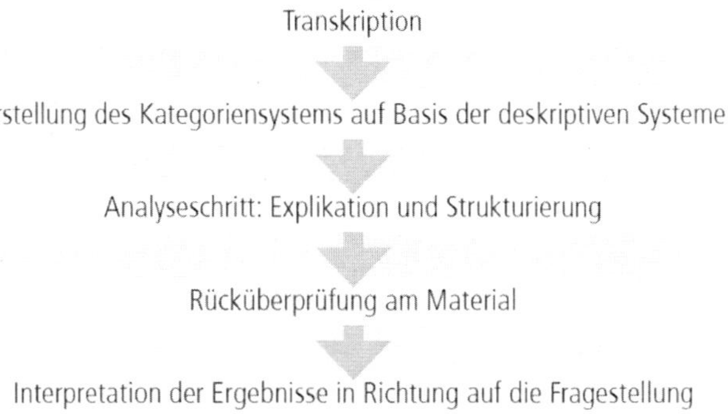

Quelle: Mayring, 1993, S. 50.

In Form des Kategoriensystems (s. o., Bsp. 1) wird eine Struktur an das Material herangetragen. Alle durch die Kategorien angesprochenen Textbestandteile werden aus dem Material systematisch extrahiert (sog. *strukturierende Inhaltsanalyse*; vgl. Abb. 2).

Abbildung 2: Ablaufmodell der strukturierenden Inhaltsanalyse (Mayring, 1993)

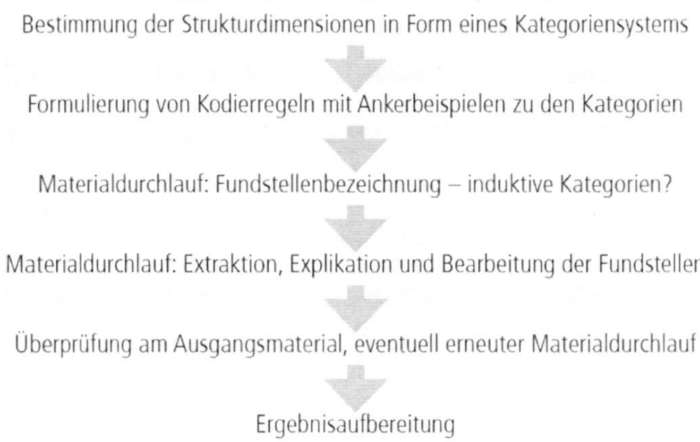

Quelle: Mayring, 1993, S. 78.

Ob ein Materialbestandteil unter eine Kategorie fällt, muss genau festgestellt und nachvollziehbar begründet werden. Zu den einzelnen Kategorien werden daher Kodierregeln formuliert und dazu jeweils Belegzitate gesucht. Unter Zuhilfenahme dieser sog. „Ankerbeispiele" entsteht ein Kodierleitfaden (vgl.

Bsp. 2), der die Strukturierungsarbeit entscheidend präzisiert und von verschiedenen KodiererInnen angewendet werden kann.

Praxisbeispiel 2: Kodierleitfaden

Kategorie	Coping
Definition	Als Coping bezeichnet man die Art des Umgangs mit einem als bedeutsam und schwierig empfundenen Lebensereignis oder einer Lebensphase
Kodierregel	Immer wenn im Text Hinweise darauf vorliegen, dass Aspekte der Bewältigung mit einem schwierig empfundenen Lebensereignis auftauchen, wird der Text extrahiert
Ankerbeispiel	„Da hat Alkohol eine ganz wichtige Funktion gehabt, mich in dieses Nirwana zu versetzen: zu entlasten. Der Schmerz war ja da, den wollte ich aber nicht spüren, nicht in Verbindung mit diesem Ereignis"

In einem ersten Materialdurchgang, zumindest anhand der ersten Interviews, werden die Kategorien (vgl. Bsp. 1) und der Kodierleitfaden (vgl. Bsp. 2) erprobt und eventuell danach für einen zweiten Durchgang neu überarbeitet. Entstehen bei diesem Prozess fragliche Stellen, die noch nicht angemessen erschlossen werden können, sucht man im Interview oder auch in der Literatur dazu explizierende Information (sog. *explizierende Inhaltsanalyse*).

Praxisbeispiel 3 gibt eine Textstelle aus der Ergebnisdarstellung des oben beschriebenen Forschungsprojektes (Gahleitner, 2003, 2005; vgl. auch Kap. 5 dieses Buches) (die in Klammern stehenden Angaben nehmen Bezug auf die Zeilen des Interview-Transkriptes).

Praxisbeispiel 3: Explizierende Inhaltsanalyse

So leidet Herr P bereits im Kindesalter unter immer wiederkehrenden intrusiven Gedanken, Konzentrationsstörungen und erhöhter Nervosität, schildert aber, keinerlei Bewusstsein über die Ursachen gehabt zu haben und folglich auch keine Möglichkeiten, bewusst Bewältigungsstrategien zu entwickeln oder Hilfe zu holen. Schon früh kommt es zu „Problemen mit der Einstellung zum eigenen Körper" (Herr P, Z. 166-167), verknüpft mit dem Gefühl, „kein vollwertiger Mann zu sein" (198), „lähmenden Ängsten" (1455) und aggressiven Durchbrüchen, die sich im Alter von sechs Jahren in einem Versuch äußern, den Vater umzubringen (1052-1068). Bereits im Jugendlichenalter greift Herr P. daher zur zunächst hilfreichen Droge, die auch die Droge seines Vaters war, und bewältigt „nichts ohne Alkohol" (1302-1303). Alkohol hat in dieser Zeit für ihn eine wichtige Entlastungsfunktion, der einzige Ausweg, den er damals nach dem Vorbild des Vaters für sich fand (Herr P, Z. 1302-1303): „Da hat Alkohol eine ganz wichtige Funktion gehabt, mich in dieses Nirwana zu versetzen: zu entlasten. Der Schmerz war ja da, den wollte ich aber nicht spüren, nicht in Verbindung mit diesem Ereignis [des sexuellen Übergriffs; Erg. d. Verf.]" (899-906).

Im Diskussionsteil der Arbeit wird ein solcher Textabschnitt mit Ergebnissen aus den in der Literaturrecherche aufgefundenen Studien und Forschungsergebnissen (im Falle dieses Beispiels zum Thema Coping) kritisch diskutiert.

9.3 Fazit

Zur kommunikativen Validierung (Köckeis-Stangl, 1980; vgl. auch Flick, 2007), d. h. interaktiven Absicherung der Einzelfalldarstellungen mit den Interviewten wurden im vorgestellten Projekt die biografischen Einzelfalldarstellungen vor ihrer endgültigen Einarbeitung nochmals den InterviewpartnerInnen zugesandt, Änderungen vorgenommen bzw. Missverständnisse so weit wie möglich bereinigt. Im vorgestellten Forschungsprojekt (Gahleitner, 2003, 2005) wurden damit entgegen vieler Warnungen aus dem Forschungsbereich gute Erfahrungen gemacht und wertvolle Korrekturen und Anregungen für die weitere Auswertung erhalten.

Zur argumentativen Interpretationsabsicherung wurde stets in einer Auswertungsgruppe gearbeitet. Diese Einbeziehung von Außenstehenden in die Interpretationsgemeinschaft war im Sinne einer diskursiven Validierung der Qualitativen Inhaltsanalyse und des methodischen Vorgehens sehr hilfreich. Die einzelnen Schritte wurden stets mit der Gruppe rückgekoppelt und vor- bzw. nachbesprochen. Der Rückhalt in der Gruppe hatte damit auch die Qualität einer regelmäßigen Intervision und ist bei einem qualitativen Vorgehen sehr zu empfehlen. Auch die Validierung an der Praxis (Köckeis-Stangl, 1980) durch regelmäßigen Austausch mit PraktikerInnen des Forschungsbereichs ist in diesem Kontext zu empfehlen. Damit wird vorgesorgt, dass die Ergebnisse sich nicht zu weit von der Praxis wegbewegen.

Dennoch, bei allen Versuchen der Validierung bereitet qualitative Auswertung einige unvermeidliche Probleme. Bei allen Bemühungen um Korrektheit und Einfühlung – die Frage, ob es gelingt, dem Forschungsgegenstand wirklich gerecht zu werden, der „Schluss vom Material auf soziale Realität“ (Mayring, 1985, S. 188), bleibt offen. Wir haben es immer mit einer Wirklichkeit zu tun, die als solche nicht faktisch erkannt werden kann, sondern interpretiert wird (Strauss & Corbin, 1990/1996). Bar-On (1996), der sich im Forschungsbereich traumatischer Ereignisse besonders viele Gedanken um ethische Prinzipien und Richtlinien gemacht hat und dennoch keine endgültige Sicherheit finden konnte, fasst diese verbleibende Unsicherheit treffend zusammen: „Although ... I feel we are responsible ... in such a delicate kind of research, ... there's no way to make complete justice to your interviewees" (Bar-On, 1996, S. 19).

Literatur

Bar-On, Dan (1996). Ethical issues in biographical interviews and analysis. In Ruth Josselson (Hrsg.), *Ethics and process in the narrative study of lives* (S. 9-21). Thousand Oaks: Sage.

Flick, Uwe (2007). *Qualitative Sozialforschung. Eine Einführung* (vollst. überarb. und erw. Neuausg.). Hamburg: Rowohlt.

Gahleitner, Silke Birgitta (2003). *Sexuelle Gewalterfahrung und ihre Bewältigung bei Frauen und Männern. Eine explorative Untersuchung aus salutogenetischer Perspektive*. Dissertation. Berlin: Freie Universität Berlin, Fachbereich Erziehungswissenschaft und Psychologie.

Gahleitner, Silke Birgitta (2005). *Sexuelle Gewalt und Geschlecht. Hilfen zur Traumabewältigung bei Frauen und Männern* (Reihe: Forschung psychosozial). Gießen: Psychosozial.

Gahleitner, Silke Birgitta, Hintenberger, Gerhard & Leitner, Anton (Hrsg.) (2013). *Biopsychosoziale Dialoge – ‚State of the Art', Entwicklungen und Perspektiven*. Themenschwerpunkt von Jg. 1, H. 1 der Zeitschrift Resonanzen – E-Journal für biopsychosoziale Dialoge in Psychotherapie, Supervision und Beratung. Krems, Österreich: Donau-Universität Krems. Online verfügbar: http://www.resonanzen-journal.org/index.php/resonanzen/issue/view/10 [25.10.2014].

Köckeis-Stangl, Eva (1980). Methoden der Sozialisationsforschung. In Klaus Hurrelmann & Dieter Ulich (Hrsg.), *Handbuch der Sozialisationsforschung* (S. 321-370). Weinheim: Beltz.

Mayring, Philipp (1985). Qualitative Inhaltsanalyse. In Gerd Jüttemann (Hrsg.), *Qualitative Forschung in der Psychologie. Grundfragen, Verfahrensweisen, Anwendungsfelder* (S. 187-211). Weinheim: Beltz.

Mayring, Philipp (1993). *Qualitative Inhaltsanalyse. Grundlagen und Techniken* (4., erw. Aufl.). Weinheim: Deutscher Studien-Verlag.

Mayring, Philipp (2000). Qualitative Inhaltsanalyse. *Forum Qualitative Sozialforschung, 1*(2), Art. 20. Online verfügbar: www.qualitative-research.net/index.php/fqs/article/view/1089 [25.01.2014].

Mayring, Philipp (2010). *Qualitative Inhaltsanalyse. Grundlagen und Techniken* (11., akt. und überarb. Aufl.). Weinheim: Beltz.

Schreier, Margrit (2014). Varianten qualitativer Inhaltsanalyse: Ein Wegweiser im Dickicht der Begrifflichkeiten. *Forum Qualitative Sozialforschung, 15*(2), Art. 18. Online verfügbar: http://nbn-resolving.de/urn:nbn:de:0114-fqs1401185 [17.02.2014].

Strauss, Anselm L. & Corbin, Juliet (1996). *Grundlagen qualitativer Sozialforschung*. Weinheim: Beltz (englisches Original erschienen 1990).

Rudolf Schmitt

10 Metaphernanalyse am Beispiel der Alkoholabhängigkeit

Ein abstinent lebender Mann beschreibt in einem Interview den Wendepunkt seiner Alkoholabhängigkeit zur Abstinenz mit den sprachlichen Bildern: „Also ich war unten. Am Boden“ (Schmitt, 2007). Die Metaphern, „unten“ und „am Boden“ zu sein, stehen in seinem Fall für den beruflichen und privaten Zusammenbruch. Der Ansatz der kognitiven Linguistik nach Lakoff und Johnson (1980/1998, 1999), und die davon abgeleitete Metaphernanalyse (Schmitt, 2003) gehen davon aus, dass solche sprachlichen Bilder ein Konzentrat von Denken, Handeln und Fühlen enthalten und ihre Analyse den Zugang zu Denkmustern bietet. Die Idee ist nicht neu: Schön (1979) dokumentiert in einem klassischen Aufsatz an Beispielen aus der Sozialpolitik die Rolle von Metaphern als Handlungsanweisungen. Er beschreibt StadtplanerInnen, die Slumgebiete als „Krankheit“ oder „Geschwür“ wahrnahmen und auf radikale „Operationen“ drängten, wie z. B. Planierung der Slumsiedlungen und Neubau von Hochhäusern. Andere ProtagonistInnen, die Slums in Bildern einer „natürlichen“ Gemeinschaft und als „Organismus“ beschrieben, präferierten andere städtebauliche Eingriffe, die aus behutsamer Unterstützung der Eigenregie der BewohnerInnen bei Modernisierungen der Infrastruktur und Verbesserung der Lebensbedingungen bestanden. Schön (1979) verdeutlicht, dass Probleme nicht gegeben, sondern konstruiert seien. Wir hätten es in der sozialen Wirklichkeit nicht mit „Realität“, sondern mit „conflicting stories“ zu tun, hinter denen verschiedene zentrale Metaphern stünden. Deshalb ist es notwendig, zentrale metaphorische Denkvorstellungen zu rekonstruieren.

10.1 Statt einzelner Metaphern: metaphorische Konzepte

Eine wesentliche Neuerung des Ansatzes von Lakoff und Johnson (1998, 1999) besteht darin, auf einzelne metaphorische Redewendungen weniger Wert zu legen als auf einen Sinn, der mehreren Metaphern gemeinsam ist.

Die oben genannten Metaphern, dass Einsicht in dem Moment der Erfahrung kam, als der Befragte „unten“ und „am Boden“ war, teilen eine Bedeutung. Diese gemeinsame Bedeutung wird mit dem Begriff des metaphorischen „Konzepts“ der kognitiven Linguistik gefasst. Dies sei zunächst an einem Beispiel erläutert (Bsp. 1).

Praxisbeispiel 1: Die Wandlung zur Abstinenz geschieht am tiefsten Punkt und führt zur Höhe

- „Ich musste erst mal *so weit unten* sein, dass ich eben diesen sog. *Tunnel* da [sah].“ (B11)
- „Der Entschluss, trocken zu werden, ist gekommen, als ich am *tiefsten Punkt* war, kann man sagen, als ich versucht habe, Selbstmord zu machen.“ (R3)
- „Seitdem, möchte ich sagen, ging es *bergauf* [seit Entgiftung].“ (J3)
- „Ich fühle mich körperlich, geistig wieder *voll auf der Höhe* [derzeit abstinent].“ (B11)

Lakoff und Johnson (ebd.) fassen einzelne Metaphern unter einer Überschrift als Konzept zusammen, die den gemeinsamen Gehalt der einzelnen Metaphern ausdrückt. Wir sprechen von einem metaphorischen Konzept, wenn mehrere einzelne Metaphern den gleichen Quellbereich (hier: räumliche Erfahrung von „Tiefe“ und „Höhe“) und den gleichen Zielbereich (hier: „Wandlung zur Abstinenz“) vorweisen. Lakoff und Johnson gehen davon aus, dass nur metaphorische Konzepte als Netzwerk von gleichen Übertragungen kognitiv und kulturell relevant sind, d. h., die Interpretation von einzelnen Metaphern bedarf der Absicherung durch Vergleich. Metaphernanalysen sind nur dann verlässlich, wenn alle Metaphern des Materials erfasst werden, welche für die Forschungsfrage relevant sind.

10.2 Konkurrierende metaphorische Konzepte

Ein metaphorisches Konzept wird oft von konkurrierenden Konzepten gerahmt und gewinnt seine spezifische Bedeutung erst auf diesem Hintergrund. Daher werden noch drei weitere Konzepte kurz vorgestellt und ihre Implikationen kurz skizziert (Bsp. 2, 3 und 4).

Praxisbeispiel 2: Die Kampfmetaphorik des Alkoholkonsums

Alkoholmissbrauch, Abhängigkeit und Abstinenz sind ein Kampf

- „Es waren bestimmt mehrere Flaschen, die wir dort *niedergemacht* haben.“ (B20)
- „Ja, na, ich bin ja kein *Kampftrinker* [lacht].“ (B24)
- „Dort vorher auf dem [...] Bahnhof nochmal richtig *zugeschlagen* wird [Trinken, R.S.].“ (J1)

- „So Mittag war die Flasche natürlich leer. Da musste *Nachschub* her." (J1)
- „Ich finde, der [Alkohol] ist auf alle Fälle stärker als der Mensch." (J4)

Auch wenn mit drei bis fünf Beispielen für jedes Konzept die Sättigung eines Konzepts nur angedeutet werden kann, wird deutlich, dass diese Männer sich als Kämpfer in allen Stadien des Verlaufs inszenieren. Konsequent formuliert einer der Befragten, der auch Mitglied der Anonymen Alkoholiker ist, in der Anerkennung der Niederlage einen Ausstieg aus dem Kampf: „Der erste Schritt ist, zuzugeben, *machtlos* zu sein gegenüber dem Alkohol, *bedingungslos zu kapitulieren*" (J1). Dieses metaphorisch konstruierte Deutungsmuster bildet jedoch das tatsächliche Erleben der Betroffenen nur verzerrt ab, denn der Kampf geht in der Abstinenz weiter:

- „Dort habe ich ein paar *Mitstreiter* gefunden, die zu dem selben Zeitpunkt [...] entlassen wurden." (J3)
- „Verstehen viele Leute nicht [...], dass das *täglich ein Kampf ist.*" (R5)

In der Kampfmetaphorik ändert sich wenig bei der Änderung zwischen Abhängigkeit und Abstinenz. Das Eingeständnis der Abhängigkeit, als „Niederlage" begriffen, ändert für viele nichts am Dauerzustand des Kämpfens.

Eine andere Metaphorik stellt gegenteilige Implikationen eines metaphorischen Konzepts vor: In den Interviews fielen metaphorische Beschreibungen auf, in denen trinkende Männer sich und ihresgleichen als Maschinen konstruierten (Bsp. 3).

Praxisbeispiel 3: Die technische Metaphorik des Alkoholkonsums

Männer als Maschinen

- „Der Mann ist eine Maschine, Alkoholkonsum führt zum Defekt, erst mal [trinken], dass man erst mal *abschalten* kann." (B1)
- „Bei irgendwelchen Feiern so extrem viel getrunken habe, mich richtig vergessen habe. *So, als wäre irgendwas ausgehakt.*" (J6)
- „Der ist halt auch angetrunken oder so, und dass der dann halt *durchdreht.*" (B15)
- „Dann kamen immer mal solche *Aussetzer*, dann die erste Entgiftung." (R2)

Wenn Alkohol die (männliche) Maschine „*abschalten*", „*aushaken*" oder „*durchdrehen*" lässt, wird die Wandlung zur Abstinenz als mechanisches Geräusch imaginiert („jedenfalls hat es bei mir ‚Klick' gemacht", B11) und dann als Reparatur denkbar:

- „Sicherlich musste ich trinken, weil ich nicht lebenstüchtig war. *Aber ich hab das repariert. Ich hab das repariert.*" (J1)

Zum gegenwärtigen Zeitpunkt sind 14 verschiedene metaphorische Konzepte des Alkoholkonsums und der Abstinenz bekannt (vgl. Schmitt, 2002) Hier soll nur noch ein elementares Schema kurz vorgestellt werden, weil es ganz andere Facetten des Erlebens einer Alkoholabhängigkeit darstellt (Bsp. 4).

Praxisbeispiel 4: Die Gefäß-Metaphorik des Alkoholkonsums

Trinkende sind verschlossen und ein Gefäß für negative Emotionen

- „Ich war in mich *verschlossen*, ich war ein *verschlossener* Typ." (J1)
- „Und wenn man da nicht darüber reden tut und *nur schlucken tut.* ist es eine Frage der Zeit, dass dann der *Kanal voll* ist und man wieder zum Gläschen greifen kann." (R3)
- „Ich war völlig zerstört, *voller* Mutlosigkeit, *voller* Ungewissheit, *voller* Selbstzweifel." (J1)

Spannend ist, dass in der Abstinenz das Bild vom Gefäß in veränderter Form als neue „Offenheit" begriffen wird:

- [früher:] „Ich meinte, es gehört sich nicht, Gefühle zu haben, diese aller Welt zu *offen*baren und noch dazu als Mann." (J1)
- „Ich geh zu den AA und kann heute *offen* darüber sprechen." (J4)
- „Mit der Trockenheit hat sich das geändert, man ist *aufgeschlossener*, auch gegenüber Problemen." (R2)

„Offenheit" ist als Metapher der Wandlung sowohl vor der Abstinenz wie nach der Abstinenz vorhanden, „Offenheit" ist eine zentrale Metapher im Reden über Alkoholkonsum wie über die Abstinenz. Verändert hat sich jedoch, dass Offenheit als Verhalten, Wert und Lebensbedingung gesucht und nicht mehr mit einem Suchtmittel erreicht wird.

Als vorläufiges Fazit kann formuliert werden, dass Menschen das gleiche Problem in sehr unterschiedlichen Mustern erleben, und dass wir in aller Regel nicht von einer einzigen „Kern-Metapher" oder „Wurzel-Metapher" ausgehen können. Metaphernanalysen sind ungenau, wenn sie nicht das gesamte System metaphorischer Konzepte des zu beforschenden Phänomens herausarbeiten.

10.3 Der Vergleich mit dem kulturellen Horizont

Nicht nur das Vorhandensein von Metaphern ist von Bedeutung, sondern auch das Nichtvorhandensein. Wenn die Metaphern von Menschen für ihre Probleme erhoben sind, fällt manchmal auf, dass sie bestimmte Metaphern und deren Denk- und Handlungsmöglichkeiten nicht nutzen. Das ist nur im Vergleich mit anderen Texten zu finden. In der ersten eigenen Studie (Schmitt, 2007) war nach Metaphern der Professionellen für ihr Handeln in der sozialpädagogischen Einzelfall- und Familienhilfe gesucht worden. Zwar konnten neun metaphorische Konzepte rekonstruiert werden, die z. B. das psychosoziale Helfen in Bildern der Schule begriffen („er muss noch *lernen*, dass ..."). Jedoch war die in der Gesprächspsychotherapie übliche organische

Metaphorik des psychischen „Wachstums" nicht vertreten. Dieses Defizit hätte stärker zur Beschreibung der eingriffsorientierten Einzelfallhilfe beitragen können, in der solche Prozesse des „Wachstums" offenbar wenig Raum haben. Dieser Befund wäre deutlicher zu formulieren gewesen, wenn außerhalb des Samples nach weiteren Metaphern für Helfen und psychosoziale Veränderung gesucht worden wäre.

10.4 Die blinden Flecken der Forschenden

Wir alle nutzen Metaphern. Ein mögliches Problem von Metaphernanalysen besteht darin, dass alltägliche Redewendungen ebenfalls einen metaphorischen Gehalt haben, z. B. im Kontext des psychosozialen Helfens: „Ich muss das mit ihm noch *bearbeiten*", „Beziehungs*arbeit* leisten". Diese Formulierungen konstruieren psychosoziales Helfen als handwerkliches Arbeiten – es fällt kaum auf, dass dies eine metaphorische und damit problematisierbare Sichtweise ist. Es ist offenbar einfacher, auffällige, störende und den eigenen Vormeinungen nicht entsprechende Redewendungen als Metaphern wahrzunehmen. Daher wird vorgeschlagen, dass Forschende vor allen anderen Schritten eigene Materialien (Skripte, Tagebücher, Eigeninterview) zum Thema im Hinblick auf die selbst genutzten Metaphern analysieren.

10.5 Aufwand und Sampling

Systematische Metaphernanalysen geschehen in einem Prozess, in dem im ersten Schritt alle Metaphern mit ihrem Kontext aus den Interviewdateien extrahiert und in einem zweiten Schritt zu metaphorischen Konzepten zusammengesetzt werden. Diese strikte Trennung der Identifikation von Metaphern von der Rekonstruktion metaphorischer Konzepte ist ein Schutz gegen allzu frühe und unvollständige Analysen. Dieses sehr genaue, dafür verlässliche Arbeiten führt jedoch zu einem höheren Aufwand: Für einen zehnseitigen Text sind drei Arbeitstage zu veranschlagen. Deshalb ist es wichtig, sparsam und relevant zu erheben: Der Grundsatz des „theoretical sampling" in der Tradition der „Grounded Theory" (vgl. Kap. 7 dieses Buches) ist daher auch hier für viele Untersuchungen sinnvoll zu sein (Glaser & Strauss, 1967/1998, S. 53ff.; vgl. auch Kap. 9 dieses Buches).

10.6 Ablaufskizze einer systematischen Metaphernanalyse

Aufbauend auf den bisher genannten Grundsätzen schlagen wir das folgende Ablaufschema einer systematischen Metaphernanalyse vor (vgl. Schmitt, 2003, 2007).

Forschungsfrage und Indikation klären, Zielbereiche identifizieren

- Welche Anteile der Forschungsfrage sind durch eine Metaphernanalyse zu beantworten?
- Welche Zielbereiche sollen metaphernanalytisch untersucht werden?
- Welches Material steht zur Verfügung bzw. könnte erhoben werden?

Kontext- und Selbstreflexion

- *Kontextreflexion:* Rekonstruktion metaphorischer Konzepte aus heterogenen Materialien zur Dokumentation kulturell üblicher Metaphorisierung eines Themas (spätere Nutzung als Vergleichsfolie).
- *Selbstreflexion:* Die dominierenden Metaphern der InterpretInnen sollten anhand von persönlichem Material rekonstruiert werden.

Erhebung des Materials (sparsames Sampling)

Da Metaphernanalysen aufwendig sind, sollte nur wirklich relevantes Material erhoben werden (Kap. 1.).

Systematische Analyse von Texten einer Gruppe bzw. eines Individuums

- *Identifikation der Metaphern und dekonstruierende Zergliederung:* Zergliederung der Texte in ihre metaphorischen Bestandteile in einer Wort-für-Wort-Analyse; Erfassung aller metaphorischen Wendungen und Narrationen samt ihres unmittelbaren Kontextes in einer separaten Liste.
- *Synthese von (sub)kulturellen/individuellen metaphorischen Konzepten:* Der zweite Schritt rekonstruiert aus der obigen Metaphernsammlung me-

taphorische Konzepte. Je nach Forschungsfrage erfolgt Letzteres einzelfall- oder gruppenbezogen.

Interpretation mithilfe einer Heuristik

Mögliche Sinnbezüge werden mithilfe einer Heuristik entwickelt, u. a.: Formulierung von aufmerksamkeitsfokussierenden und ausblendenden Funktionen des metaphorischen Konzepts, Vergleich metaphorischer Modelle untereinander etc.

Methoden- und Theorien-Triangulation, Gütekriterien

Zur Reflexion von Gütekriterien einer Metaphernanalyse sind Vorschläge entwickelt worden (Vollständigkeit der Erhebung, Auswertung und Interpretation, Sättigung der Konzepte, vgl. Schmitt, 2007).

Darstellung

Die Darstellung metaphernanalytischer Befunde ist eine besondere Herausforderung, denn das Verdeutlichen der Metaphorizität bremst den Lesefluss und ermüdet Lesende wie Zuhörende. Es empfiehlt sich daher, Texte besonders übersichtlich zu gestalten und kommentierenden Text, exemplarische Beispiele, tabellarische Beispiele und visuelle Darstellungen in einem gut ausgewogenen Verhältnis zu präsentieren.

10.7 Aussicht

Der kurze einführende Text kann die Lektüre des Originals (Lakoff & Johnson, 1980/1998) nicht ersetzen; zu den Veränderungen in späteren Werken vgl. Schmitt (1995, S. 103ff.). Der Aufwand der Einarbeitung lohnt sich im Hinblick auf die Ergebnisse der Metaphernanalyse für das Beraten und Behandeln:

- Metaphernanalysen können typische Denkmuster in typischen Problemlagen rekonstruieren und erleichtern es daher den Behandelnden, sich auf diese einzustellen.
- Auch BeraterInnen und TherapeutInnen leben in ihren Metaphern. Die Analyse von Behandlungssitzungen zeigt ein Wechselspiel zwischen

Menschen mit unterschiedlichen Bildern, die sich deshalb auch missverstehen können (Buchholz & Kleist, 1995). Metaphernanalysen können daher auch zur Supervision festgefahrener Behandlungen genutzt werden.
- Metaphern dienen auch der Intervention – durch Ernstnehmen (Validieren) der Metaphern der KlientInnen, durch Arbeiten innerhalb ihrer Metaphern, durch vorsichtiges Infragestellen ihrer Bilder und erst zuletzt auch durch das Angebot neuer Bilder (Kopp, 1995).

Der betriebene Aufwand lohnt daher im mehrfachen Sinne.

Literatur

Buchholz, Michael B. & Kleist, Cornelia von (1995). Metaphernanalyse eines Therapiegespräches. In Michael B. Buchholz (Hrsg.), *Psychotherapeutische Interaktion. Qualitative Studien zu Konversation und Metapher, Geste und Plan* (S. 93-126). Opladen: Westdeutscher Verlag.

Glaser, Barney G. & Strauss, Anselm L. (1998). *Grounded Theory. Strategien qualitativer Forschung* (Reihe: Hans Huber Programmbereich Pflege). Bern: Huber (englisches Original erschienen 1967).

Kopp, Richard R. (1995). *Metaphor therapy. Using client-generated metaphors in psychotherapy.* Bristol: Brunner/Mazel.

Lakoff, George & Johnson, Mark (1998). *Leben in Metaphern. Konstruktion und Gebrauch von Sprachbildern.* Heidelberg: Carl-Auer-Systeme (englisches Original erschienen 1980).

Lakoff, George & Johnson, Mark (1999). *Philosophy in the flesh: The embodied mind and its challenge to western thought.* New York: Basic Books.

Schmitt, Rudolf (1995). *Metaphern des Helfens* (Reihe: Fortschritte der psychologischen Forschung, Bd. 26). Weinheim: Beltz - PVU.

Schmitt, Rudolf (2002). Ein guter Tropfen, maßvoll genossen, und andere Glücksgefühle. Metaphern des alltäglichen Alkoholgebrauchs und ihre Implikationen für Beratung und Prävention. In Frank Nestmann & Frank Engel (Hrsg.), *Die Zukunft der Beratung* (Reihe: Beratung, Bd. 4; S. 231-252). Tübingen: DGVT.

Schmitt, Rudolf (2003). Methode und Subjektivität in der Systematischen Metaphernanalyse. *Forum Qualitative Sozialforschung, 4*(2). Online verfügbar: http://www.qualitative-research.net/fqs-texte/2-03/2-03schmitt-d.htm [25.01.2014].

Schmitt, Rudolf (2007). Versuch, die Ergebnisse von Metaphernanalysen nicht unzulässig zu generalisieren. *Zeitschrift für qualitative Forschung, 8*(1), 137-156. Online verfügbar: http://nbn-resolving.de/urn:nbn:de:0168-ssoar-277869 [25.01.2014].

Schön, Donald A. (1979). Generative metaphor. A perspektive on problem-setting in social policy. In Andrew Ortony (Hrsg.), *Metaphor and thought* (S. 254-283). Cambridge: Cambridge University Press.

Übergreifende Bezüge

Susanne Gerull

11 Programmevaluation

Evaluation bedeutet zunächst nur Bewertung bzw. Beurteilung und leitet sich vom englischen Begriff *value* (Wert) ab. Um deutlich zu machen, dass im vorliegenden Aufsatz das *Forschungsdesign* Evaluation gemeint ist (in einigen sozialwissenschaftlichen Auswertungsmethoden wird unter Evaluation beispielsweise eine Textsorte verstanden), wurde im Titel der Begriff Programmevaluation benutzt, im Folgenden werden diese Begriffe synonym verwendet. Nachfolgend wird beschrieben, was Aufgaben und Funktionen einer Evaluation sind und welche Arbeitsschritte notwendig sind, um eine Evaluation erfolgreich durchführen zu können. Mit einem kurzen Fazit und einem Verweis auf Gütekriterien endet der Beitrag.

11.1 Aufgaben und Funktionen einer Programmevaluation

In einer Evaluation sollen die durchgeführten Maßnahmen eines Programms oder Projektes mit den tatsächlich erzielten Wirkungen in Beziehung gesetzt werden. Dabei wird das Programm/Projekt aus der Perspektive der vorab formulierten Handlungsziele auf seinen Erfolg hin bewertet (Kromrey, 2009, S. 93). Im weitesten Sinne kann Evaluation damit als Wirkungsforschung verstanden werden und stellt ein wichtiges Instrument zur Generierung von Handlungswissen dar. Wie Abbildung 1 visualisiert, sollen durch eine Evaluation die Zusammenhänge zwischen Zielen, Maßnahmen und Instrumenten sowie beabsichtigten und nicht beabsichtigten Effekten aufgedeckt werden. Eine weitere Dimension stellen dabei die Rahmenbedingungen des zu evaluierenden Programms dar.

Abbildung 1: Aufzudeckende Zusammenhänge

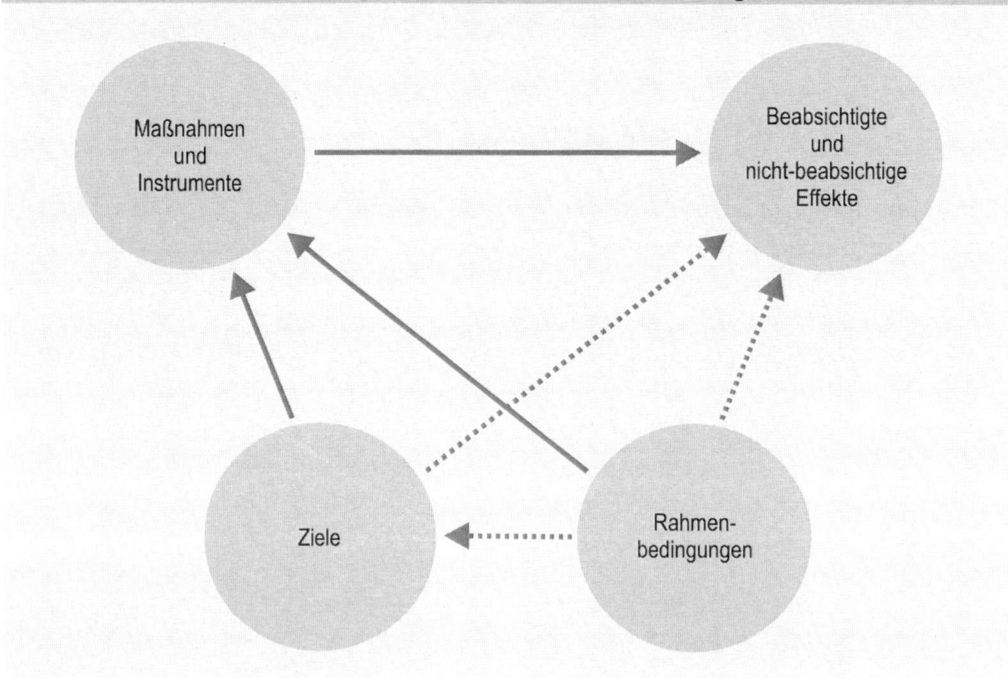

Anmerkung: vgl. Kromrey, 1998, S. 97.

Evaluation ist keine eigene Forschungs*methode*, sondern ein Forschungs*design*, bei dem grundsätzlich alle Forschungsmethoden und -instrumente angewendet werden können. In einer Evaluation geht es zunächst um die Intervention (Maßnahme/Instrument) und das Ergebnis der Intervention (Effekte oder Wirkung). Darüber hinaus soll aber auch untersucht werden, durch welche Prozesse die Ergebnisse erzielt werden. Erst damit können wiederkehrende Schwachstellen eines Programms identifiziert und/oder Erfolgsfaktoren reproduziert und für die zukünftige Arbeit gewinnbringend genutzt werden.

Aufgaben einer Evaluation sind nach König (2000, S. 34ff.) die Sammlung von Informationen über Voraussetzungen, Umsetzung und Wirkung von Maßnahmen, die Analyse der gesammelten Informationen, die Interpretation der gewonnenen Ergebnisse und schlussendlich die Entwicklung von Konsequenzen. Dabei können Evaluationen als sog. bilanzierende oder *summative* Evaluationen ein bereits durchgeführtes Programm zusammenfassen und bewerten oder aber *formativ* in einem begleitenden Verfahren den Prozess von Ereignissen und Motiven dokumentieren (Holling, 1999).

Eine Evaluation kann unterschiedliche, sich zum Teil auch widersprechende Funktionen haben: Evaluationen können ein Kontrollinstrument darstellen bzw. der Legitimation eines Programms oder Projektes dienen, sie können aber auch explizit zur Gewinnung von Erkenntnissen über die (eigene) Arbeit bzw. deren (Weiter-)Entwicklung durchgeführt werden (Stockmann, 2000, S. 16; vgl. aktuell Stockmann & Meyer, 2013). Wird eine Evaluation als Selbstevaluation durchgeführt, tritt Selbstkontrolle an die Stelle von Kontrolle. Je partizipativer eine Evaluation gestaltet wird, desto stärker tritt auch der Dialog zwischen den AkteurInnengruppen wie Träger, Auftrag- bzw. Geldgeber, MitarbeiterInnen und KlientInnen oder PatientInnen des Programms in den Vordergrund.

11.2 Arbeitsschritte einer Evaluation

Die Arbeitsschritte einer Evaluation werden in diesem Abschnitt am Beispiel einer tatsächlich durchgeführten Evaluation beschrieben und erklärt. Dabei handelt es sich um die mehrjährige Evaluation eines Modellprojektes zur Prävention vor sexuellem Missbrauch (im Folgenden: Präventionsprojekt). Die nachfolgenden zehn Arbeitsschritte (nach König, 2000) waren erforderlich, um diese Evaluation erfolgreich durchzuführen (Tab. 1):

Tabelle 1: Arbeitsschritte einer (Selbst-)Evaluation

	Arbeitsschritt	Frage
1	Ziele festlegen	Warum?
2	Bedingungen klären	Wann?
3	Gegenstand bestimmen	Was?
4	Operationalisieren	Was?
5	Kriterien entwickeln	Woraufhin?
6	Informationsquelle auswählen	Wen?
7	Methoden entwickeln	Wie?
8	Daten erheben, auswerten	Wie?
9	Qualität beurteilen	Wie gut?
10	Ergebnisse verwerten	Wozu?

Quelle: König, 2000, S. 56ff.

1. Ziele festlegen

Zunächst müssen die Ziele der Evaluation festgelegt werden. Es geht dabei nicht um das Ziel des zu evaluierenden Projektes (in unserem Beispiel die Prävention vor sexuellem Missbrauch), sondern das Ziel der Evaluation: Warum soll die Evaluation durchgeführt werden? (König, 2000, S. 58ff.)

Praxisbeispiel 1: Ziele festlegen

Ziel der exemplarisch vorgestellten Evaluation war herauszufinden, ob die *Ziele des Präventionsprojektes* durch die Bausteine des Projektes erreicht werden: Ein Puppenspiel (Zielgruppe Mädchen und Jungen im Vorschul- und Grundschulbereich) sowie Fortbildungen (Zielgruppe LehrerInnen und ErzieherInnen) und thematische Elternrunden (Zielgruppe Eltern). In diesem ersten Schritt ist es auch wichtig zu klären, wer über die Ziele der Evaluation entscheidet und ob es Zielkonflikte, z. B. zwischen unterschiedlichen AkteurInnengruppen, gibt. Im Präventionsprojekt, das gleichberechtigt von den zwei hauptamtlichen Mitarbeiterinnen des Trägers verantwortet wurde, gab es keine solchen Zielkonflikte.

2. Bedingungen klären

Im zweiten Arbeitsschritt sind die Bedingungen der Evaluation zu klären. Was sind die institutionellen Voraussetzungen? Was sind die individuellen Bedingungen bei den Beteiligten und den Betroffenen? Welche Ressourcen sind vorhanden? (König, 2000, S. 64ff.) Hierzu gehören neben vorhandenen Räumlichkeiten, Know-how zum geplanten methodischen Vorgehen und Hard- und Software für die Auswertung erhobener Daten auch die zeitlichen Kapazitäten der an der Evaluation Beteiligten. So ist bei einer *Selbst*evaluation eine stundenweise Freistellung der MitarbeiterInnen im Evaluationsteam unerlässlich (ca. 5 %, d. h., bei einer Vollzeitstelle werden i. d. R. etwa zwei Stunden wöchentlich als notwendig erachtet). Auch muss die Gesamtzuständigkeit festgelegt werden.

Praxisbeispiel 2: Bedingungen klären

Im Wesentlichen handelte es sich bei diesem Präventionsprojekt um eine summative Evaluation mit formativen Anteilen durch jährliche kurze Zwischenberichte durch eine externe Wissenschaftlerin. Die beiden hauptamtlichen Mitarbeiterinnen des Projektträgers waren partizipativ in die Planung und Durchführung der Evaluation eingebunden.

3. Gegenstand bestimmen

Sind die Rahmenbedingungen geklärt (und lassen eine Evaluation überhaupt zu), muss geklärt werden, was durch die Evaluation beschrieben und bewertet werden soll (König, 2000, S. 68ff.). Die Formulierung einer klaren Fragestellung ist hier wie bei jedem Forschungsprojekt von großer Bedeutung. In der Regel kann ein Programm/Projekt nicht unter allen Fragestellungen und Gesichtspunkten evaluiert werden, sodass eine Schwerpunktsetzung erforderlich ist.

Praxisbeispiel 3: Gegenstand bestimmen

Durch die mehrjährige Laufzeit und gesicherte Finanzierung des vorliegenden Präventionsprojektes konnten alle Bausteine evaluiert werden. Die übergreifende Fragestellung lautete: Werden bzw. wurden alle in der Konzeption verankerten Ziele des Präventionsprojektes erreicht? Aus den differenzierten Zielen des Projektes wurden weitere, konkretere Evaluationsfragen entwickelt.

4. Operationalisieren

In diesem vierten Schritt wird es methodisch herausfordernd, denn oft müssen die Gegenstände der Evaluation erst messbar gemacht werden (Abbildung des Gegenstands in der Praxis). Was sind die geeigneten Indikatoren? (König, 2000, S. 72ff.)

Praxisbeispiel 4: Operationalisieren

So sollte im Präventionsprojekt u. a. erhoben werden, wie groß das Vorwissen der LehrerInnen und ErzieherInnen zum Thema sexueller Missbrauch war. Hierfür wurden Indikatoren wie die Kenntnis über geeignete Reaktionen bei einem Verdacht auf sexuellen Missbrauch oder Erfahrungen im Umgang mit Traumatisierungen entwickelt. Spätestens an dieser Stelle müssen für die Durchführung einer Evaluation fachliche (hier: sexueller Missbrauch) und forschungsmethodische Kenntnisse aufeinandertreffen. Dies ist nicht immer der Fall, denn weder verfügen die MitarbeiterInnen psychosozialer Projekte per se über Forschungskompetenz, noch kennen sich EvaluationsforscherInnen mit allen Arbeitsfeldern aus. Über partizipative Strukturen und entsprechende Recherchen muss dies jedoch sichergestellt werden.

5. Kriterien entwickeln

Im nächsten Schritt muss geklärt werden, welche Maßstäbe an die Evaluation gelegt werden. Wann ist eine Maßnahme, ein Instrument oder ein Arbeitsansatz erfolgreich? Hierfür müssen vorab Bewertungskriterien entwickelt werden. Welche Wertentscheidungen gibt es eventuell im Hintergrund? (König, 2000, S. 77ff.)

Praxisbeispiel 5: Kriterien entwickeln

Im Präventionsprojekt war dies unproblematisch, da für das Modellprojekt vorab als Voraussetzung für eine Finanzierung einvernehmlich klare Projektziele entwickelt worden waren, die für die Evaluation als Maßstab für einen Erfolg des Projektes angesetzt werden konnten. In hierarchisch organisierten Projekten mit Geldgebern, die fachlich nicht unabhängig sind, ist dies häufig schwieriger. So definieren die Zuwendungsgeber „Erfolg" in psychosozialen Projekten klassischerweise vor allem ergebnisorientiert (z. B. Vermittlung in Arbeit), während psychosoziale Fachkräfte „Erfolg" eher prozesshaft denken (z. B. Vertrauensaufbau). Um am Ende der Evaluation keinen Schiffbruch zu erleiden, müssen die Erfolgskriterien also rechtzeitig besprochen und vereinbart werden.

6. Informationsquelle auswählen

Bevor (endlich!) die Methoden zur Datenerhebung und -auswertung ausgewählt werden können, müssen die Informationsquellen auf ihre Eignung hin überprüft werden. Wer oder was ist geeignet? Wie sind die Quellen zugänglich? (König, 2000, S. 83ff.) Es können Daten von TeilnehmerInnen, BesucherInnen, KlientInnen, MitarbeiterInnen, KooperationspartnerInnen etc. erhoben werden. Eventuell gibt es bereits Dokumente, Akten oder Protokolle, die als Quellen genutzt werden können.

Praxisbeispiel 6: Informationsquelle auswählen

Im Präventionsprojekt konnte nicht auf bereits vorhandene Daten zurückgegriffen werden, da das Modellprojekt erstmalig durchgeführt wurde und keiner der Projektbausteine vorher an den ausgewählten Schulen und Kitas stattgefunden hatte. Alle AkteurInnengruppen – Kita- und SchulleiterInnen, LehrerInnen und ErzieherInnen, Eltern und pädagogische KursleiterInnen des Projektes hatten sich aber vorab bereit erklärt, grundsätzlich als Beforschte zur Verfügung zu stehen. Für die Kinder hatten die Eltern nicht nur dem Puppenspiel, sondern auch seiner Evaluation zugestimmt. Geplant war, alle unmittelbar Beteiligten in die Evaluation einzubeziehen (Vollerhebung), wobei die Teilnahme an der Evaluation natürlich freiwillig war.

7. Methoden entwickeln

Im siebten Schritt geht es nun darum, geeignete Methoden zur Datenerhebung und -auswertung zu entwickeln. Was ist dabei zu beachten? Eine Entscheidung über ein quantitatives oder qualitatives Vorgehen muss getroffen, möglichst eine Kombination beider methodischer Ansätze gewählt werden. Müssen überhaupt neue Daten erhoben werden, oder stehen in Akten oder Protokollen schon genügend Informationen zur Verfügung? (König, 2000, S. 88ff.)

Praxisbeispiel 7: Methoden entwickeln

Im Präventionsprojekt wurde eine Kombination quantitativer und qualitativer Verfahren angestrebt: Eine zweistufige Befragung der LehrerInnen und ErzieherInnen, die an den Fortbildungen teilgenommen hatten (umfangreiche Fragebogen), ein kurzer Fragebogen für die TeilnehmerInnen der thematischen Elternrunden sowie ein Protokollbogen für jedes durchgeführte Puppenspiel.[1] Als zusätzliches offenes Verfahren wurden Gruppeninterviews mit LehrerInnen sowie ErzieherInnen ausgewählter beteiligter Kitas und Schulen durchgeführt.

8. Daten erheben, auswerten

Was ist bei der Datenerhebung und -auswertung zu beachten? Sind beispielsweise die Rahmenbedingungen vor Ort geeignet? Mit welchen Methoden kann ausgewertet werden? Was ist bei der Interpretation zu beachten? (König, 2000, S. 101ff.) Sind ausreichend methodische Fähigkeiten und materielle Ressourcen (z. B. Auswertungsprogramme) im Team vorhanden, oder wird externe Unterstützung benötigt?

Praxisbeispiel 8: Daten erheben, auswerten

Im Präventionsprojekt erhielten die LehrerInnen und ErzieherInnen die ersten Fragebogen am Tag der von ihnen besuchten Fortbildungen ausgehändigt, die zweiten Fragebogen wurden über die Kita- und SchulleiterInnen an sie ausgehändigt. Über kodierte Namenslisten wurde sichergestellt, dass Fragebogen 1 und 2 korrekt derselben Person zugeordnet werden konnten. Auch die Eltern wurden direkt nach den thematischen Elternrunden befragt. Der Protokollbogen zu den Puppenspielen wurde direkt im Anschluss von den jeweiligen PuppenspielerInnen bzw. TrainerInnen ausgefüllt. Die so erfassten quantitativen Daten wurden von der Evaluatorin mit einem Statistikprogramm ausgewertet. Die Gruppeninterviews wurden von ihr durchgeführt, transkribiert und inhaltsanalytisch ausgewertet. Auch hierfür stand eine geeignete Software zur Verfügung. Durch die Anwendung quantitativer und qualitativer Verfahren konnten die jeweiligen Ergebnisse miteinander verglichen und auf ihre Plausibilität geprüft werden, sodass die Interpretation der Daten auf gesicherten Erkenntnissen beruhte.

---

[1] Aufgrund des Alters der Kinder wurde auf ihre Befragung verzichtet. Aus pragmatischen Gründen (finanzielle und damit auch zeitliche Ressourcen) konnten aufwendige Methoden zur Beobachtung der Kinder, diagnostische Instrumente oder kreative kindgerechte Verfahren nicht eingesetzt werden.

9. Qualität beurteilen

Vor dem letzten Schritt gilt es noch einmal innezuhalten: Wie gut ist unsere Evaluation? Können die Ergebnisse in der Praxis konkret verwertet werden? Welche Beurteilungskriterien sind sinnvoll? (König, 2000, S. 113ff.)

Praxisbeispiel 9: Qualität beurteilen

Im Präventionsprojekt konnten aufgetretene Probleme wie beispielsweise die Sicherstellung eines ausreichenden Rücklaufs der zweiten Befragungsrunde der LehrerInnen und ErzieherInnen im laufenden Prozess bearbeitet werden, sodass die Evaluation an dieser Stelle als zweckmäßig und brauchbar eingeschätzt wurde. In anderen Fällen (z. B. veränderte Rahmenbedingungen, nicht genügend auswertbare Daten) kann es erforderlich sein, noch einmal im Evaluationsprozess zurückzugehen und Entscheidungen oder Instrumente neu zu justieren.

10. Ergebnisse verwerten

Zuletzt ist zu klären, ob die Ergebnisse der Evaluation veröffentlicht werden sollen. Wenn ja, was ist dabei zu beachten? Welche Konsequenzen hat eine Veröffentlichung? Wer ist dafür zuständig? (König, 2000, S. 121ff.)

Praxisbeispiel 10: Ergebnisse verwerten

Im Präventionsprojekt flossen die Ergebnisse neben einer Berichterstellung der Evaluation insbesondere in die weitere Ausgestaltung der Module ein und waren damit Grundlage für Veränderungen und eine Optimierung des Präventionsprojektes.

11.3 Gütekriterien einer Evaluation

Bei allen Arbeitsschritten sind die Standards für Evaluationen einzuhalten, die teilweise bereits im vorherigen Abschnitt (11.2) benannt wurden. Evaluationen sollen laut der Gesellschaft für Evaluation e. V. (DeGEval) vier Merkmale aufweisen: Nützlichkeit, Durchführbarkeit, Fairness und Genauigkeit. Zur *Nützlichkeit* gehören Anforderungen wie die Klärung der Evaluationszwecke und Transparenz des Verfahrens. *Durchführbarkeit* zielt u. a. auf angemessene und effiziente Verfahren. *Fairness* soll beispielsweise individuelle Rechte schützen und eine unparteiische Berichterstattung gewährleisten. *Genauigkeit* bezieht sich u. a. auf die Sicherstellung gültiger Informationen und Ergebnisse durch angemessene Verfahren zur Datengewinnung. (DeGEval, 2008)[2] Die Standards der DeGEval waren Grundlage und Handlungsleitlinie auch des hier vorgestellten Präventionsprojektes.

Immer mehr setzt sich durch, dass Evaluationen nicht ohne eine Partizipation der *Betroffenen* auskommen. Unter Betroffenen sind hierbei sowohl die MitarbeiterInnen als auch die NutzerInnen eines Angebots zu verstehen. *Partizipation* bedeutet die Teilhabe und Teilnahme an der Planung, Durchführung und Auswertung der Evaluation (Wright & Block, 2005).

Praxisbeispiel 11: Gütekriterien einer Evaluation

Im Präventionsprojekt waren, wie unter Arbeitsschritt 2 (in Abschnitt 11.2) bereits beschrieben, die beiden hauptamtlichen Mitarbeiterinnen des Projektträgers in alle Arbeitsschritte der Evaluation eingebunden. Ziel, Rahmenbedingungen und Fragestellung waren von ihnen formuliert, bevor die externe Evaluatorin beauftragt wurde. Alle weiteren Planungs- und Durchführungsschritte wurden in einer sogenannten „Rückkopplungsschleife" (Kiresuk et al., 1994, S. 203) gemeinsam besprochen.

11.4 Fazit

Wie in allen sozialwissenschaftlichen Studien kann eine Evaluation nicht *beweisen*, ob ein Projekt oder Programm erfolgreich bzw. wirksam ist, so kann sich auch die Wirkungsforschung in der psychosozialen Arbeit der Realität nur annähern. Gleichzeitig gibt es ausreichend Beispiele für misslungene Evaluationen bzw. den Missbrauch dieses Forschungsdesigns, um Arbeitsplätze abzubauen oder rein betriebswirtschaftlich orientierte Verfahren und Instrumente in der psychosozialen Praxis einzuführen bzw. zu legitimieren (vgl. Gerull, 2005, S. 107). Aus Platzgründen kann die Pro-und-Kontra-Diskussion an dieser Stelle nicht geführt werden.[3] In diesem Artikel sollte jedoch aufgezeigt werden, *wie* Evaluationen zur Optimierung psychosozialer Projekte und Programme beitragen können. Hierfür ist, wie dargelegt, die Einhaltung bestimmter Arbeitsschritte sowie grundsätzlicher Standards erforderlich.

---

[2] Die ausführliche Broschüre zu den Standards einer Evaluation kann auf der Website der DeGEval downgeloadet werden, auf der weitere wertvolle Informationen und Leitfäden für Evaluationen bereitgestellt sind: http://www.degeval.de.

[3] Eine kritische Haltung nimmt z. B. Seithe (2012) ein. Ansonsten bieten zwei sich aufeinander beziehende Aufsätze in der Zeitschrift Sozial Extra einen guten Einblick in den aktuellen Pro-und-Kontra-Diskurs (Roth, 2012; Bewyl, 2012).

Literatur

Beywl, Wolfgang (2012). Evaluation ist systematische Kritik. Nachvollziehbar bewerten und Wertmaßstäbe offenlegen. *Sozial Extra, 36*(9/10), 15-17.

DeGEval – Gesellschaft für Evaluation (Hrsg.) (2008). *Standards für Evaluation* (4., durchges. Druckaufl.). Köln: DeGEval.

Gerull, Susanne (2005). Programmevaluation. In Silke Birgitta Gahleitner, Susanne Gerull, Begoña Petuya Ituarte, Lydia Schambach-Hardtke & Claudia Streblow (Hrsg.), *Einführung in das Methoden spektrum sozialwissenschaftlicher Forschung* (S. 104-108). Uckerland: Schibri.

Holling, Heinz (1999). Evaluation eines komplexen Fortbildungsprogramms zur Steigerung der beruflichen Kompetenz. In Heinz Holling & Günther Gediga (Hrsg.), *Evaluationsforschung* (S. 1-33). Göttingen: Hogrefe.

Kiresuk, Thomas J., Larsen, Nancy E. & Lund, Sander H. (1984). Wissenstransfer als Strategie in Programm-Management und Evaluierung. In Gerd-Michael Hellstern & Hellmut Wollmann (Hrsg.), *Handbuch zur Evaluierungsforschung. Bd. 1* (Reihe: Schriften des Zentralinstituts, Bd. 35; S. 196-218). Opladen: Westdeutscher Verlag.

König, Joachim (2000). *Einführung in die Selbstevaluation. Ein Leitfaden zur Bewertung der Praxis Sozialer Arbeit.* Freiburg: Lambertus.

Kromrey, Helmut (2009). *Empirische Sozialforschung. Modelle und Methoden der standardisierten Datenerhebung und Datenauswertung* (Reihe: UTB - Soziologie, Bd. 1040; 12., überarb. und erg. Aufl.). Stuttgart: Lucius & Lucius.

Roth, Roland (2012). Sind kritische Evaluationen möglich? Skeptische Anmerkungen aus der Evaluationspraxis. *Sozial Extra, 36*(7/8), 16-19.

Seithe, Mechthild (2012). Wie kann sich die Soziale Arbeit gegen eine „BWLisierung" wehren? *Soziale Arbeit, 61*(9/10), 375-381.

Stockmann, Reinhard (2000). Evaluation in Deutschland. In Reinhard Stockmann (Hrsg.), *Evaluationsforschung. Grundlagen und ausgewählte Forschungsfelder* (Reihe: Sozialwissenschaftliche Evaluationsforschung, Bd. 1; S. 11-40). Opladen: Leske + Budrich.

Stockmann, Reinhard & Meyer, Wolfgang (2013). *Evaluation. Eine Einführung* (2., überarb. Aufl.). Opladen: Budrich.

Wright, Michael T. & Block, Martina (2005). *Bestandsaufnahme der Aktivitäten der AIDS-Hilfen zu Evaluation und Qualitätssicherung in der Primärprävention* (Reihe: Diskussion Papers). Berlin: WZB.

Silke Birgitta Gahleitner & Ingrid Miethe

12 Ethik in der sozialwissenschaftlichen Forschung

Ethik ist eine philosophische Disziplin und versteht sich als Wissenschaft vom „richtigen" Handeln. Sie entwickelt Kriterien, systematisiert Überzeugungen und gibt Handlungsorientierung in Entscheidungssituationen, in denen wir uns auf unsere Intuition nicht verlassen können. Die Anerkennung ethischer Regeln bedeutet daher auf der einen Seite eine Reglementierung der Einzelnen durch Normen, auf der anderen Seite jedoch Struktur und Ordnung im Sinne eines größtmöglichen Freiraums und Schutzes aller Beteiligten.

Wissenschaftsethik umfasst traditionell die Verteidigung des Gemeinbesitzes wissenschaftlichen Wissens und die Autarkie von Forschung und Lehre. Sie bietet Leitfäden für Kommunikationsregeln innerhalb der Wissenschaft. Gegenseitige Kontrolle soll nach positivistischer Tradition und dem Grundgedanken der Aufklärung durch den wissenschaftlichen Diskurs hergestellt werden. Es hat sich jedoch gezeigt, dass wissenschaftliche Rationalisierung ihre Grenzen hat und auch Erkenntnisbemühungen in der Forschung mit dem umgebenden gesellschaftlichen Umfeld verflochten und durch dieses vorbestimmt sind (Kuhn, 1962/1967).

Das traditionell wissenschaftliche Ethos bedarf folglich einer Komplettierung durch die Dimension gesamtgesellschaftlich verantwortbarer wissenschaftlicher Praxis, welche jeweils neu in interdisziplinären und gesamtgesellschaftlichen Auseinandersetzungsprozessen auszuarbeiten ist.

12.1 Prozeduralethik versus Prozessethik

Mit Blick auf die nationalsozialistischen Verbrechen im Namen der Forschung und moderne biomedizinische Entwicklungen wurde erstmals im Jahr 1964 die Deklaration von Helsinki verabschiedet (Weltärztebund, 2000). Sie ist eine Prozeduralethik, d. h., sie bietet eine Checkliste für die prinzipiellen ethischen Probleme eines anstehenden Forschungsprojektes im Verlauf: Regelungen zum Datenschutz und zur Einholung der Einwilligung der Beforschten in das Vorhaben („informed consent"[1]), Prinzipien des Respekts gegenüber den ForschungsteilnehmerInnen, Achtsamkeit bzgl. der Dauer, der Belastungen und Risiken sowie des Umgangs mit Daten und Ergebnissen (Gahleitner & Kiegelmann, 2005; Miethe & Riemann, 2007).

Prozeduralethik erweist sich jedoch bei genauerer Betrachtung als äußerst inhomogen und in Bezug auf die einzelnen Disziplinen als nur sehr lückenhaft ausdifferenziert. Datenschutzrechtliche Bestimmungen z. B. sollen die Wahrung der Persönlichkeitsrechte bzw. des informationellen Selbstbestimmungsrechtes der Betroffenen absichern sowie Fragen der Erhebung, Aufbewahrung, Weitergabe und Veröffentlichung von Daten regeln (Gola & Schomerus, 1997). Insbesondere ethische Aspekte der qualitativen Forschung werden jedoch über die vorwiegend quantitativ ausgerichteten Ethikdeklarationen nur mangelhaft abgedeckt.

Im Bereich qualitativer Forschung ist eine ausreichende Anonymisierung ohne gravierenden Verlust des Informationsgehalts z. B. nur schwer zu verwirklichen. Verletzungen der ForschungsteilnehmerInnen resultieren zudem nicht selten aus der Forschungsinteraktion. Um auch diesen Dimensionen von Ethik gerecht zu werden, sind mehr als feststehende Ethikkodizes notwendig.

Hier bietet sich eine *prozessuale Ethik* an: Prozessethik gibt entlang des Kant'schen kategorialen Imperativs keine konkreten Regeln vor, das konkrete ethische Handeln muss jeweils situationsangemessen ausgearbeitet werden. Guillemin und Gillam (2004) verweisen dafür auf die Bedeutung der Reflexivität. Sie gibt zwar keine vorgegebene Antwort auf ethische Fragen in spezifischen Forschungssituationen, ermöglicht jedoch eine Sensibilisierung für entscheidende Momente, die zu ethisch qualifizierten Entscheidungen führen kann.

12.2 Entscheidungsprozesse im Forschungsablauf

Bereits in der Herangehensweise an ein geplantes Forschungsprojekt fließen ethische Grundhaltungen ein und moderieren die Ausgangssituation. Forschungsethische Überlegungen prägen die Themenfindung, die Fragestellung

[1] Die „informierte Einwilligung" (informed consent) besagt, dass personenbezogene Daten in der Sozialforschung nur mit Einwilligung der Beforschten erhoben werden dürfen, die ForschungsteilnehmerInnen also angemessen über den Zweck der Erhebung informiert werden müssen (Hopf, 2000).

sowie das Forschungsdesign und begleiten den gesamten Verlauf des Forschungsprozesses (Gahleitner & Kiegelmann, 2005).

Die Auswahl des Gegenstands erfordert einen verantwortlichen, reflexiven und transparenten Umgang, in dem eventuellen Verletzungsrisiken bzw. unerwünschten Prozessen durch ausführliche theoretische wie praktische Vorüberlegungen und -gespräche vorgebeugt werden sollte. Rollenkonfusionen zwischen Forschungs- und Ethikmaximen müssen bedacht und abgewogen werden, damit sie in einem angemessenen Verhältnis – möglichst großer Forschungsfreiraum unter maximaler Berücksichtigung ethischer Anforderungen – zueinander stehen. Die Auswahl von Forschungsgegenständen an sich hat schon ethische Implikationen.

Im Erhebungskontakt mit der Forschungszielgruppe ist neben ausreichender Vorinformation („informed consent"), Vertraulichkeit und Datenschutz auf einen transparenten und reflexiven Umgang mit der Erhebungssituation zu achten. Eventuelle Risiken für die Beforschten durch die Form der Erhebung müssen bedacht und entsprechende Vorüberlegungen oder Maßnahmen zur Minimierung der Schädigung getroffen werden. Ethische Fragen haben dabei Priorität vor methodischen Überlegungen. Selbst bei einem „vertraglich fixierten informed Consent" bleibt die Frage offen, ob die Beforschten ermessen können, wozu sie jeweils ihre Einwilligung gegeben haben, und dies über den gesamten Forschungsprozess hinweg stets präsent haben. Eventuell muss das Einverständnis in Form eines „prozessualen Consent" stets neu überprüft werden. Eine perfekte Absicherung lässt sich jedoch auch dadurch nicht erreichen (vgl. Miethe, 2003).

In der Auswertungsphase stellt die „Deutungsmacht" die ForscherInnen erneut vor ethische Fragestellungen in Bezug auf die *Be*-Deutung, die eine Interpretation möglicherweise für die ForschungspartnerInnen oder andere Zielgruppen des Forschungsvorhabens beinhalten könnte. Auch hier muss der erwünschte Erkenntnisgewinn gegenüber eventuellen Risiken für die Beforschten abgewogen werden. Auch wenn es nicht darum gehen kann, Forschung dem Wohlgefallen der Zielgruppe entsprechend auszurichten, ist es manchmal sinnvoll, Interpretationen auf Fehldeutungen hin infrage zu stellen und an entsprechenden Stellen in geeigneten Gruppenzusammenhängen rückzukoppeln. Es ist auch darüber nachzudenken, wie eine Präsentation erfolgen kann, um konstruktive Diskurse über die Ergebnisse zu ermöglichen. Zudem ist an eine frühzeitige Abklärung der Verwendung der Daten und Absicherung gegen Missbrauch zu denken.

Insbesondere in interpretativen Verfahren, die sich mit der Generierung latenter Sinngehalte beschäftigen, besteht die Gefahr der Verletzung der Beforschten durch Ergebnisdarstellungen (vgl. zum Umgang damit bei hermeneutischen Fallrekonstruktionen Miethe, 2003). Ein reflexiver Umgang mit der Deutungsmacht, kommunikative und externe Validierung und Transparenz im methodischen Vorgehen gegenüber den Beforschten können Möglichkeiten darstellen, dieses Risiko zu minimieren (Köckeis-Stangl, 1980). Die Verfahrensweisen dürfen jedoch im Hinblick auf den Erkenntnisgewinn nicht zu unverantwortbaren Einbußen führen. Es soll jedoch nicht unerwähnt bleiben, dass die Ergebnisse sehr häufig positive Prozesse in Gang setzen, von denen die Interviewten deutlich profitieren, so z. B. bei der Herausarbeitung biografischer Aspekte, die einen heilsamen Effekt auf die Forschungszielgruppe haben können (vgl. dazu Bar-On, 1996; Rosenthal, 1995).

12.3 Ethische Probleme in der sozialwissenschaftlichen Forschung

Georges Devereux hat in seiner grundlegenden Arbeit „Angst und Methode in den Verhaltenswissenschaften" (1967/1992) an vielen Beispielen die Psychodynamik der Abwehr durch scheinbar objektivierende Methoden aufgezeigt. Insbesondere für die Sozialwissenschaften formuliert er eine unausweichliche „emotionale Verstrickung" der Untersuchenden mit ihrem Material, die reflektiert werden muss. Gesellschaftliche Zusammenhänge inkl. der darin bestehenden Machtverhältnisse durchziehen auch uns als forschende Subjekte (Gahleitner, 2002).

Für die Reflexion ist es notwendig, sich auf die Interaktion mit den Beforschten einzulassen, die Befragten also als ExpertInnen ihrer eigenen Situation zu würdigen und gezielt ihre subjektiven Erlebens- und Wahrnehmungsweisen sozialer Realität zu erfassen. Benachteiligte Randgruppen haben sich aufgrund ihrer zahlreichen Verletzungen und Diskriminierungserfahrungen allerdings häufig einen „Schutzpanzer" zugelegt, der nicht einfach zu durchdringen ist und nicht immer auf Anhieb Sympathie, Empathie und Verständnis beim Gegenüber generiert. Sich in diesem Annäherungsprozess konsequent auf die subjektive Sichtweise der Betroffenen – „the actor's point of view" (Witzel, 1982, S 38) – einzulassen, die auch von Diskontinuitäten und Widersprüchen geprägt sein kann, sich für ihre Problemsicht zu öffnen, jedoch andererseits selbstreflexiv zu bleiben und die Daten einer wissenschaftlich angemessenen Analyse zu unterziehen, stellt unter Umständen eine große Herausforderung dar, in Bezug auf

- eine Risikominimierung gegenüber den ForschungsteilnehmerInnen versus dem geforderten Erkenntnisinteresse,
- den Anspruch des „Fremdverstehens“ im Gegensatz zur forschungslogisch geforderten „Auswertungsautonomie“ – insbesondere in qualitativen Forschungsprojekten.

Halbstrukturierte Interviews (vgl. Kap. 5 dieses Buches) z. B. sind eine häufig verwendete qualitative Erhebungsstrategie. Ziel ist die möglichst ungetrübte Erfassung der subjektiven Inhalte der Befragten. Dafür ist es erforderlich, sich den Befragten empathisch und dennoch mit angemessener Distanz zu nähern. *Narrative Erzählstränge* (vgl. Kap. 4 dieses Buches) sind erfahrungsgemäß besonders reichhaltig in Bezug auf emotionale Inhalte. Sie sollten möglichst eigenständig von den Interviewten gestaltet werden. Sie stellen daher aufgrund ihrer besonderen Dynamik ein erhebliches Risiko für spontane Aktualisierungen belastender Erinnerungen dar. Wie ist mit einer solchen Situation umzugehen?

Zunächst ist zu berücksichtigen, dass dabei zwei übergreifende Wertesysteme in Konflikt miteinander geraten. Forschung dient zunächst dem Erkenntnisinteresse. Folglich kann die Rolle als ForscherIn weder eine schützende noch beratende Funktion erfüllen. Dennoch entstehen aufgrund des narrativen Erzählflusses in Interviews Probleme, die akut nach lösungsorientiertem Handeln verlangen. Die Forschenden geraten dadurch in eine Rollenkonfusion, die als *ethisches Spannungsverhältnis* zwischen den erkenntnistheoretischen und prozeduralethischen Maximen im Forschungsprozess situationsadäquat gemeistert werden muss und geschultes, sensibles Eingreifen erfordert. Es besteht folglich die paradox erscheinende Anforderung, dass beraterische Qualitäten eine wichtige Voraussetzung darstellen, um in sensiblen Bereichen überhaupt ethisch angemessen Forschung betreiben zu können (Bar-On, 1996).

Die dem Forschungsgeschehen immanente Deutungsmacht schließt zudem bei allem Bemühen Fehldeutungen nicht aus. Eine Möglichkeit, dem entgegenzuwirken, ist die bereits angesprochene kommunikative Validierung der Daten (Köckeis-Stangl. 1980). Die „nachträgliche Kontrolle der Datenanalyse“ durch die ForschungspartnerInnen kann jedoch zu Schwierigkeiten führen, da die subjektiven Interessen der Beforschten sich mit dem Forschungsinteresse keineswegs immer decken.

Zur Interpretationsabsicherung in der Auswertung wird neben der kommunikativen Validierung der kritische Nachvollzug in einer Forschungsgruppe als hilfreich diskutiert, ebenso wie eine ständige Validierung im Austausch mit der Praxis, um den Auswertungsvorgang auf diese Weise mehrfach von anderen nachvollziehen zu lassen: „In such cases it is always helpful when there is someone around to make me alert, to rethink my moves, and to examine my ethical decisions" (Bar-On, 1996, S. 20). Dennoch bleibt Forschung in diesen Bereichen bis in die letzten Schritte der Auswertung ein ständiger Balanceakt zwischen unserer Deutung und der Wahrnehmungswelt der InterviewpartnerInnen: „Once the narrative has been analyzed, it‘s actually your text as well as theirs" (ebd., S. 19).

12.4 Resümee: Prozessorientierte Prozeduralethik?

Prozeduralethik – festgelegt durch Ethikkommissionen und in anderen Leitlinien und Regelwerken – bietet einen wichtigen Grundstock für ethische Fragen in der Wissenschaft, kann jedoch die Komplexität eines Forschungsprozesses nicht abdecken. Forschungsethik kann folglich nur als dialogischer Prozess zwischen Prozeduralethik und Prozessethik verstanden werden. Es geht daher mehr um die Angemessenheit der ethischen Grundwerte in einer bestimmten Forschungssituation, die jeweils spezifisch zu begründen ist, als um die Einhaltung starrer und übergeordneter Prinzipien.

Die Anwendung bzw. Vermeidung bestimmter ethischer, aber auch erkenntnistheoretischer Regeln und Werthaltungen bleibt zudem immer auch abhängig von wissenschaftlichen und gesamtgesellschaftlichen Konzepten und Modellen. Für ethische Fragen sensibilisierte ForscherInnen, die Sensitivität für ethische Entscheidungsprozesse und für die Findung von Normen und Werten entwickelt und ein Bewusstsein für ethisch verantwortbare Forschungsmodelle haben, nehmen damit auch Einfluss auf die Entwicklung von Forschungs- und Gesellschaftsethik.

Wie forschungsrelevante Problematiken definiert werden, welche Forschungsgegenstände untersuchungswürdig sind, wie entsprechende Forschungsergebnisse implementiert werden und welche Zielgruppe von der Forschung profitiert, beinhaltet in jedem Fall für jedes Forschungsprojekt Spielräume, die ethisch verantwortlich genutzt werden können und müssen.

Literatur

Bar-On, Dan (1996). Ethical issues in biographical interviews and analysis. In Ruth Josselson (Hrsg.), *Ethics and process in the narrative study of lives* (S. 9-21). Thousand Oaks: Sage.

Devereux, George (1992). *Angst und Methode in den Verhaltenswissenschaften* (Reihe: Suhrkamp-Taschenbuch Wissenschaft, Bd. 461; 3., unveränd. Aufl.). Frankfurt: Suhrkamp (französisches Original erschienen 1967).

Gahleitner, Silke Birgitta (2002). Research on interpersonal violence - a constant balancing act. In Mechthild Kiegelmann (Hrsg.), *The role of the researcher in qualitative psychology* (Reihe: Qualitative Psychology Nexus, Bd. 2; S. 159-168). Schwangau: Ingeborg Huber.

Gahleitner, Silke Birgitta & Kiegelmann, Mechthild (2005). Ethische Fragen in der qualitativen Entwicklungspsychologie. In Günter Mey (Hrsg.), *Handbuch Qualitative Entwicklungspsychologie* (S. 265-285). Köln: Kölner Studien Verlag.

Gola, Peter & Schomerus, Rudolf (1997). *Bundesdatenschutzgesetz (BDSG).* Mit Erläuterungen (6., überarb. Aufl.). München: Beck.

Guillemin, Marilys & Gillam, Lynn (2004). Ethics, reflexivity and „ethically important moments" in research. *Qualitative Inquiry, 10*(2), 261-280.

Hopf, Christel (2000). Forschungsethik und qualitative Forschung. In Uwe Flick, Ernst von Kardorff & Ines Steinke (Hrsg.), *Qualitative Forschung. Ein Handbuch* (Reihe: Rowohlts Enzyklopädie; S. 589-599). Reinbek: Rowohlt.

Köckeis-Stangl, Eva (1980). Methoden der Sozialisationsforschung. In Klaus Hurrelmann & Dieter Ulich (Hrsg.), *Handbuch der Sozialisationsforschung* (S. 321-370). Weinheim: Beltz.

Kuhn, Thomas, S. (1967). *Die Struktur wissenschaftlicher Revolutionen.* Frankfurt: Suhrkamp (englisches Original erschienen 1962).

Miethe, Ingrid (2003). Das Problem der Rückmeldung. Forschungsethische und -praktische Erfahrungen und Konsequenzen in der Arbeit mit hermeneutischen Fallrekonstruktionen. *Zeitschrift für qualitative Bildungs-, Beratungs- und Sozialforschung, 4*(2), 223-239.

Miethe, Ingrid & Riemann, Gerhard (2007). Mehr Fragen als Antworten. Überlegungen zu einem selbstkritischen Umgang mit forschungsethischen Problemstellungen in unserer Arbeit. In Cornelia Giebeler, Wolfram Fischer, Martina Goblirsch, Ingrid Miethe & Gerhard Riemann (Hrsg.), *Fallverstehen und Fallstudien. Interdisziplinäre Beiträge zur rekonstruktiven Sozialarbeitsforschung* (Reihe: Rekonstruktive Forschung in der Sozialen Arbeit, Bd. 1; S. 219-236). Opladen: Budrich.

Rosenthal, Gabriele (1995). *Erlebte und erzählte Lebensgeschichte. Gestalt und Struktur biographischer Selbstbeschreibungen.* Frankfurt: Campus.

Weltärztebund (2000). *Deklaration des Weltärztebundes von Helsinki. Ethische Grundsätze für die medizinische Forschung am Menschen.* Verabschiedet von der 52. Generalversammlung des Weltärztebundes Edinburgh, Schottland, Oktober 2000. Online verfügbar: http://www.bundesaerztekammer.de/downloads/DeklHelsinki2008.pdf [26.01.2014].

Witzel, Andreas (1982). *Verfahren der qualitativen Sozialforschung. Überblick und Alternativen* (Reihe: Campus Forschung, Bd. 322). Frankfurt: Campus.

Autorinnen und Autoren

Autorinnen und Autoren

Michael Appel, Prof. Dr., Dipl.-Sozialpädagoge/Dipl.-Sozialarbeiter, studierte Sozialwesen an der Universität Kassel, war in der Praxis, Forschung und Praxisentwicklung der Offenen Kinder- und Jugendarbeit tätig und promovierte zum Dr. phil. an der Fakultät für Geistes-, Sozial- und Erziehungswissenschaften der Otto-von-Guericke-Universität Magdeburg. Seit 2009 ist er als Professor für Theorien, Handlungskonzepte und Methoden der Sozialen Arbeit an der Evangelischen Hochschule Nürnberg tätig.

Kontakt: michael.appel@evhn.de; Evangelische Hochschule Nürnberg, Bärenschanzstraße 4, D-90429 Nürnberg, +49 911 27253765

Silke Birgitta Gahleitner, Univ.-Prof. Dr. phil., studierte Soziale Arbeit, promovierte in Klinischer Psychologie und arbeitete langjährig als Sozialarbeiterin und Psychotherapeutin in sozialtherapeutischen Einrichtungen sowie in eigener Praxis. Seit 2006 ist sie als Professorin für Klinische Psychologie und Sozialarbeit an der ASH Berlin tätig, seit 2012 für den Forschungsbereich Integrative Therapie und Psychosoziale Interventionen am Department für Psychotherapie und Biopsychosoziale Gesundheit an der Donau-Universität Krems zuständig.

Kontakt: sb@gahleitner.net; Donau-Universität Krems, Dr.-Karl-Dorrek-Straße 30, 3500 A-Krems; +43 2732 8932677

Katharina Gerlich, Mag. Dr., studierte Soziologie an der Universität Wien, promovierte in Soziologie und ist seit 2009 Wissenschaftliche Mitarbeiterin und Vortragende am Department für Psychotherapie und Biopsychosoziale Gesundheit der Donau-Universität Krems. Ihre Forschungsschwerpunkte liegen bei qualitativen soziologischen Erhebungs- und Analyseverfahren zu spezifischen Fragestellungen der psychosozialen Interventionen, Psychotherapieforschung und Gender Studies.

Kontakt: katharina.gerlich@donau-uni.ac.at; Donau-Universität Krems, Dr.-Karl-Dorrek-Straße 30, A-3500 Krems; +43 2732 8932531

Susanne Gerull, Prof. Dr., Dipl.-Sozialarbeiterin/Sozialpädagogin, arbeitete 15 Jahre mit wohnungslosen Menschen. Seit 2008 ist sie als Professorin für Theorie und Praxis der Sozialen Arbeit mit den Schwerpunkten Armut, Arbeitslosigkeit, Wohnungslosigkeit und niedrigschwellige Sozialarbeit an der Alice Salomon Hochschule Berlin tätig.

Kontakt: mail@susannegerull.de; Alice Salomon Hochschule, Alice-Salomon-Platz 5, D-12627 Berlin, +49 30 99245422

Heidemarie Hinterwallner, MA MA, studierte Soziologie an der Universität Wien und Klinische Sozialarbeit an der Fachhochschule Campus Wien. Seit 2008 ist sie als Wissenschaftliche Mitarbeiterin und seit 2012 als Lehrgangsleiterin des Universitätslehrgangs Psychotherapeutisches Propädeutikum am Department für Psychotherapie und Biopsychosoziale Gesundheit tätig. Ihre Forschungsschwerpunkte sind qualitative Forschung, Gesundheits- und Medizinsoziologie.

Kontakt: heidemarie.hinterwallner@donau-uni.ac.at; Donau-Universität Krems, Dr.-Karl-Dorrek-Straße 30, A-3500 Krems, +43 2732 8932676

Ingrid Miethe, Univ.-Prof. Dr. studierte Erziehungs- und Politikwissenschaft an der Technischen Universität Berlin, promovierte in Politikwissenschaft am Otto-Suhr-Institut der Freien Universität Berlin, Zusatzstudium Qualitative Methoden in den Sozialwissenschaften an der Freien Universität Berlin, Habilitation in Allgemeiner Erziehungswissenschaft an der Martin-Luther-Universität Halle-Wittenberg. Seit 2008 ist sie als Universitätsprofessorin für Allgemeine Erziehungswissenschaft an der Justus-Liebig-Universität Gießen tätig. Zahlreiche Publikationen und Forschungsprojekte im Bereich Bildungsgeschichte, Bildung und soziale Ungleichheit, qualitative Forschung, soziale Bewegungen, Frauen- und Geschlechterforschung.

Kontakt: ingrid.miethe@erziehung.uni-giessen.de; Justus-Liebig-Universität Gießen, Institut für Erziehungswissenschaft, Karl-Glöckner-Str. 21 B, D-35349 Gießen; +49 641 9924140

Sabrina Naber, Dipl.-Sozialpädagogin/Dipl.-Sozialarbeiterin (M.A.), studierte Soziale Arbeit und arbeitete in der psychosozialen Betreuung sowohl mit Menschen mit Behinderungen als auch mit Menschen mit Demenz u. a.

im Bereich Tiergestützte Interventionen. Zudem arbeitete sie wissenschaftlich an verschiedenen Forschungsprojekten der Alice Salomon Hochschule Berlin mit. Seit 2012 ist sie Stipendiatin des Alice-Salomon-Promotionsprogramms und promoviert an der Universität Kassel.

Kontakt: naber@ash-berlin.eu; Prenzlauer Allee 34, D-10405 Berlin; +49 176 83272416

Brigitte Schigl, Prof. Dr. phil., MSc., Klinische und Gesundheitspsychologin, Psychotherapeutin und Supervisorin, arbeitet mit PatientInnen und KlientInnen in freier Praxis. Sie ist Lehrgangsleitung des MSc.-Lehrgangs Supervision und Coaching an der Donau Universität Krems und lehrt zum Wissenschaftlichen Arbeiten. Seit 1989 arbeitet sie an der Psychotherapie- und Supervisionsforschung mit, derzeit im Forschungsteam des Departments für Psychotherapie und Biopsychosoziale Gesundheit. Sie ist Mitglied des Qualitätszirkels Psychotherapieforschung des Österreichischen Gesundheitsministeriums.

Kontakt: brigitte.schigl@aon.at; Rembrandtstraße 4/11, A-1020 Wien, +43 1 3742720

Rudolf Schmitt, Prof. Dr., Dipl.-Psychologe, Germanistik (M.A), Promotion in Psychologie, mehrjährige Tätigkeit in psychosozialen Tätigkeitsfeldern und der Psychiatrie, Ausbildung in Verhaltenstherapie und Familientherapie. Seit 1997 ist er Professor für Beratung, empirische Forschungsmethoden, psychische Erkrankungen und Sucht an der Hochschule Zittau/Görlitz, Fakultät Sozialwissenschaften. Sein Forschungsschwerpunkt ist Metaphernanalyse in sozialwissenschaftlichen Anwendungen.

Kontakt: r.schmitt@hszg.de; Steinstr. 15, D-10119 Berlin; +49 178 2188115